不一样的办公新体验！

Excel
×
Python

[日]金宏和实 著　Kanehiro Kazumi

王非池 译

智能 高效办公

U0244634

中国青年出版社

律师声明

北京市京师律师事务所代表中国青年出版社郑重声明：本书由日经BP授权中国青年出版社独家出版发行。未经版权所有人和中国青年出版社书面许可，任何组织机构、个人不得以任何形式擅自复制、改编或传播本书全部或部分内容。凡有侵权行为，必须承担法律责任。中国青年出版社将配合版权执法机关大力打击盗印、盗版等任何形式的侵权行为。敬请广大读者协助举报，对经查实的侵权案件给予举报人重奖。

侵权举报电话

全国"扫黄打非"工作小组办公室
010-65233456　65212870
http://www.shdf.gov.cn

中国青年出版社
010-59231565
E-mail: editor@cypmedia.com

版权登记号　01-2020-2866

图书在版编目（CIP）数据

Excel×Python智能高效办公／（日）金宏和实著；王非池译. --
北京：中国青年出版社，2021.4
ISBN 978-7-5153-6317-2

Ⅰ.①E... Ⅱ.①金... ②王... Ⅲ.①表处理软件②软件工具-程序设计 Ⅳ.①TP391.13②TP311.561

中国版本图书馆CIP数据核字（2021）第052523号

主　　编　张　鹏
策划编辑　张　鹏
执行编辑　王婧娟
营销编辑　时宇飞
责任编辑　张　军
封面设计　乌　兰

Excel × Python智能高效办公

（日）金宏和实／著　王非池／译

出版发行　**中国青年出版社**
地　　址　北京市东四十二条21号
邮政编码　100708
电　　话　（010）59231565
传　　真　（010）59231381
企　　划　北京中青雄狮数码传媒科技有限公司
印　　刷　河北鹏润印刷有限公司
开　　本　880 x 1230　1/32
印　　张　7.5
版　　次　2021年6月北京第1版
印　　次　2021年6月第1次印刷
书　　号　ISBN 978-7-5153-6317-2
定　　价　79.90元（附赠独家秘料，关注封底公众号获取）

本书如有印装质量等问题，请与本社联系
电话：（010）59231565
读者来信：reader@cypmedia.com
投稿邮箱：author@cypmedia.com
如有其他问题请访问我们的网站：http://www.cypmedia.com

前言

非常感谢大家阅读本书。想必各位读者在读书时，一般会从"前言"开始，但是对于作者来说，"前言"反而是最后才动笔的，本书亦是如此，笔者也是在完成全部正文后才回头开始写"前言"部分。

对于大多数商务人士来说，本书的内容是使用Python编程语言来操作工作中最常用的Excel数据，因此笔者总是在考虑该如何降低学习Python编程的门槛，又该如何让读者简单轻松地入门，与日经BP的编辑仙石多次商量讨论，改了又改之后才完成本书。

作为程序员的我，最开始觉得Excel的功能很复杂，在转化成Python代码的过程中，总是会发出类似"哇哦，还有这种操作吗"的惊叹，到最后反而对Excel更加熟悉了。

在商业场景中，会有不少数据是Excel格式的。想仅仅依靠Excel就把所有的内容高效率处理完毕，一般都要使用函数或者通过VBA编写宏才能达到目的。这么做的确存在方便之处，但同时也发生过下面所说的这些问题。

- 不知道在哪里做过什么事。用函数和Excel基本功能操作的内容，与用VBA操作的内容混到了一起；
- 与负责人之间的Excel技术差距，会导致后续人员无法顺利接手。

那么使用Excel制作报表数据，然后再通过Python程序进行处理，让两者像是车轮的两个车轴那样共同旋转的话，商业场景中的数据处理不就能够顺利进行了吗？若是本书能够引导读者达成这个目标就最好不过了。

最后请看本书的你一直要读到最后。如若有幸，希望能够收到大家对本书感想的反馈。

写于双胞胎长孙出生之日

[日] 金宏和实

目录

第 **1** 章　关于Python　　　　　　　　　　　　　　　　　9

下载示例文件

本书所介绍的内容中，重要的程序以及支持程序运行的文件，请关注微信公众号"不一样的职场生活"，回复指定关键词63172即可下载。

- 本书所介绍的程序及相关操作，均以2019年10月末的环境为基础。另外，程序已经过验证可运行于Python 3.8.5版本。
- 请注意！本书出版后，有可能会因为OS、包含Excel的MicrosoftOffice以及Python的版本升级，而导致不能按照书中所示的方式运作，抑或是出现不同的结果。
- 基于本书进行的操作所导致的任何直接、间接的损失，出版社以及本书作者均不承担任何责任，使用本书时请自行判断并承担相关责任。

第 **1** 章

关于Python

千岳每天晚上
都会参加Python学习会

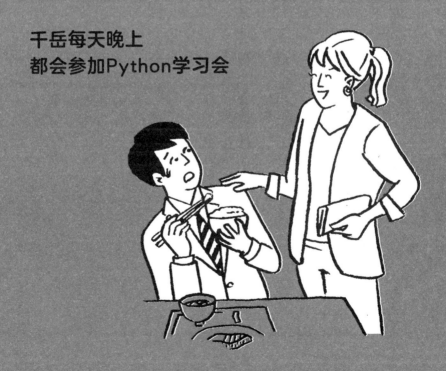

麻美 "千岳，好久不见！"

正在公司附近餐馆里吃中饭的千岳，听到销售助理麻美向他打招呼的声音。

千岳 "麻美小姐，千岳是谁啊，我的全名明明是千田岳。"

麻美 "什么嘛，千岳不是也直接叫我麻美小姐吗？"

千岳 "那不是因为都姓千田没办法啊。"

两人是同时进入西玛服装接受新人培训时，根据五十音顺序分到同一个小组之后认识的。

西玛服装是一家颇具规模的服装批发公司，不仅经营着批发贸易产业，还在越南开设了带有工厂的子公司，同时也经营着自有品牌的商品。另外，旗下还开设了少量的直营店。

麻美 "千岳，你是不是参加了一个编程学习小组，还传到社交网络上了。之前还以为你是想从销售转到总务呢，这次是想跳槽到IT公司吗？"

千岳 "不是的，现在可是连小学生都在学校里学习编程的时代哦。作为商务人士还对编程一窍不通的话，感觉会被时代抛弃啊。"

麻美 "哎呀，还以为千岳你要辞职呢，白担心了。话说回来，你这么热心是在学什么呢？"

千岳 "我正在学Python编程语言，听说不仅容易阅读，编写也很简单，学起来应该不难。"

麻美 "听起来还蛮有意思的。千岳你也知道，销售总是会处理很多Excel文件，之前富井科长学了Excel VBA之后说对工作很有帮助，于是我也跟着学了一点，但是好难啊。Excel VBA跟Python有什么不一样吗？"

千岳 "我也才刚开始学而已啊……"

• • • • • • • • • • • • •

原来如此，看来两个人都对编程产生了兴趣。那么，下面首先代替正在学习Python的千岳，说明一下Python是什么、编程又是什么，以及对大家的工作会带来什么帮助吧。

01 | Python的特征

在开始学习编程之前，首先要从众多编程语言中选择一种。大家都听说过哪些编程语言呢？除了本书所介绍的Python，常用的编程语言还有Java、JavaScript、Ruby以及C语言等。

千岳选择Python是有理由的，对于想要学习编程的商务人士来说，Python是很好的选择。为了阐明其中的原因，就先从Python的特征说起吧。

简单的语言规范

正如千岳所说，Python是一种很容易上手的编程语言，而Python之所以是非常简单的编程语言，最大的原因就是关键字很少。不得不记忆的关键字越少，学起来就越简单。表1-1为Python3.7.4中包含的35个关键字。

表1-1　Python的关键字

False	None	True	and	as	assert	async
await	break	class	continue	def	del	elif
else	except	finally	for	from	global	if
import	in	is	lambda	nonlocal	not	or
pass	raise	return	try	while	with	yield

关键字的含义正如其名，是编程语言所保留的关键字段，拥有特殊的含义，例如True和class。

关键字越多，需要事先记忆的语法就越多。Python中关键字较少，因此其语言规范相对简单。

缩进语法

千岳曾提到过"Python程序不仅容易阅读，编写也很简单"，最大的原因就是缩进（Tab）也包含在了语法之中；而对于以C及Java为首的众多编程语言来说，缩进只是为了便于阅读而添加的文本格式，在语法上并没有任何实际意义。以实际的代码为例看看缩进的用法吧，看不懂每行代码对应的具体含义也没有关系，之后的章节中会进行详细说明。我们需要理解的只有一点：在第1行代码之后，包含第2行代码在内，这些代码的缩进都具有语法含义，与程序的流程有紧密联系。

比如，Python中经常使用的if语句，在一定条件成立（结果为真）时才会执行；用于执行的程序代码，最少为1行，根据情况也可以为多行（像这样被整合到一起的处理流程称为代码块）。在某些语言中会使用成对的大括号（{}）圈起代码，作为代码块的书写格式，比如Java或C语言等。

Python则是在if语句最后以冒号（：）收尾并换行，符合if条件时执行的是带有缩进的代码行。因为具有相同的缩进，每行的起始位置也是一致的，如图1-1所示。

图1-1 使用条件分支语句if时缩进的示例

除去if语句，还有很多代码也需要使用缩进，我们来看看在之后的章节中可能会使用的代码吧，如图1-2所示。

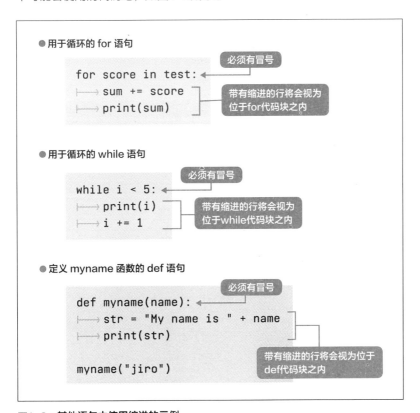

图1-2 其他语句中使用缩进的示例

如前文所述，进行缩进之后深深浅浅的文本格式包含着语法结构，无论是while语句结构、for语句结构，还是if语句结构中条件成立时所执行代码的起始到结尾，全都一目了然。

虽然缩进可以通过Tab键或者空白键输入，但是如果两种方式混合在一起使用，很容易造成微妙的误差且难以发现，建议统一使用Tab键输入缩进。包括本书提到的Python IDLE或是Visual Studio Code，默认情况下使用Tab键都会产生4个空格。关于缩进相关的内容，在遇到实际需要使用缩进的代码时，再详细进行说明。

因拥有丰富的库而有着多种用途

"关键字很少、语言规范很简单，却可用于多种用途"，这句话听起来像是有些自相矛盾，但就是因为有着丰富且易于使用的库，所以Python可以用在各种用途上。此处提到的库是指基于特定目的而编写的程序，是能够利用在其他程序中的一种途径。Python中为了应对各种处理，提供了各式各样的库。

Python的库可以分为标准库和外部第三方库，如表1-2所示。

表1-2　Python中重要的库

库名	主要功能	区分
string	字符串操作	标准
re	正则表达式	标准
datetime	日期与时间的处理	标准
random	随机数生成	标准
pathlib	面向对象的文件系统路径	标准
sqlite3	sqlite3数据库操作	标准
zipfile	zip压缩	标准
Tkinter	GUI	标准
shutil	高级文件操作	标准
NumPy	数值计算	外部
SciPy	科学计算	外部

库名	主要功能	区分
Pandas	数据分析	外部
Matplotlib	图形描绘	外部
Pygame	游戏制作	外部
simplejson	JSON的编码与解码	外部
django	Web框架	外部
Beautiful Soup	网页抓取（从HTML中获取信息）	外部
TensorFlow	机器学习	外部

　　标准库会随着Python本体一同完成安装，因此可以直接调用。但是外部第三方库则需要根据需求自行手动安装，在安装完成之后，就可以使用与标准库相同的方法进行调用。

　　本书的主题是"使用Python让Excel操作高效化"，也是因为存在可以操作Excel文件的库才得以成立的。在能够处理Excel的库中，本书选择使用功能更加丰富的openpyxl。处理Excel文件所使用的重要库，如表1-3所示。

表1-3　**处理Excel文件所使用的重要库**

库名	主要功能
openpyxl	可以对Excel文件（.xlsx）进行读写操作
xlrd	可以读取Excel文件（.xls、.xlsx）中的数据
xlwt	可以向Excel文件（.xls）中写入数据及格式
xlswriter	可以向Excel文件（.xlsx）中写入数据及格式

　　除上文中所列出的内容以外，也有其他与Excel相关并且可以代替VBA的库，但它们不是设置过于复杂，就是需要付费才可使用，因此均未获得本书的采用。

02 | VBA与Python的区别

"想要操作Excel数据的话，用VBA不就好了。"应该有人会这么想，例如麻美的上司富井科长就是VBA派的一员。

在这里为不了解VBA的人先做一些简单的介绍。VBA全称为Visual Basic for Applications，其中Visual Basic指的是微软公司开发的通用程序设计语言，由计算机程序中最古老编程语言之一的BASIC发展而来，不仅有着入门级编程语言的地位，同时也在Windows环境相关内容以及系统开发等领域发挥着作用。

然后是关于for Applications中Application的含义。计算机软件分为OS（Operating System，基础软件）以及Application Soft（应用软件）。对于大家正在使用的计算机来说，Windows 10就是OS，没有OS计算机就无法进行操作。

而Application Soft则是运行在OS上带有特定目的的软件。比如电子表格软件、图像编辑软件、工资计算软件等，都属于应用软件。具体来说，VBA中的A表示的是Excel或Word等Microsoft Office应用软件，其中也包含有Access、PowerPoint及Outlook等软件。

换言之，VBA是一种针对Excel及Word等Office软件，为了能够利用其功能，以Visual Basic为基础而产生的程序设计语言。

使用VBA能够通过Excel及Access让日常业务自动化，也可以扩展Excel及Access的功能，抑或是构建窗体，借助这些方式，甚至能够在短时间内制作出带有Excel及Access功能的实用性应用程序。这正是VBA的优点，也因而在很多工作场合得到运用。

但是相对来说，VBA的缺点则是应用范围被限制在Microsoft Office之内，如果业务所需的功能或数据量处于Excel或Access覆盖范围之外的话就无法使用，面临这种情况时VBA就束手无策了。毕竟VBA的功能是建立在Excel及Access等应用程序之上的。

另外，虽说Microsoft Office也有Mac版本，但Windows版VBA与

Mac版VBA的运行环境（OS）是完全不同的，Mac版VBA比起Windows版缺失了许多功能，导致Windows环境下编写的VBA程序无法在Mac版中使用。即使被称为兼容办公软件，VBA程序也依然无法使用。虽然数据上存在兼容性，但是在VBA中是没有的。

对比只能在限定平台上运行、缺少兼容性的VBA，作为拥有良好兼容性的程序设计语言Python，在解释器的帮助下，能够在众多硬件及OS上运行。

术语讲解

解释型语言和编译型语言

用程序语言编写的代码，并不能直接在计算机上运行。虽然口语中会使用"写程序"的说法，但是实际上编程语言是需要遵从语法，通过键盘完成输入的。对于计算机来说，唯一能够执行的代码是机器语言，但对于人来说机器语言难以阅读，想要直接编写机器语言代码是非常困难的。所以，需要把程序中的编程语言转换成计算机可以理解的机器语言。拥有这种转换功能的就是解释器及编译器，两者的运行原理并不相同。

解释器会将程序代码逐行转换成机器语言，因此计算机也会逐行执行。而编译器则是把程序所有代码都提前转换成机器语言，转换完成之后通过打开可执行文件运行程序。

Python在安装时就自带对应各个OS的解释器，Python的程序代码都是通过该解释器完成转换之后才执行的。

另外也有编程语言会同时使用解释器与编译器。比如Java，在使用编译器完成编译之后，获得的是被称为"中间代码"的结果，代码此时还不是机器语言，在执行的时候才会通过各个OS上作为解释器的Java虚拟机（Java virtual machine）转换成机器语言。

说到操作系统，常见的OS包含有Windows、MacOS以及Linux，对于大多数人来说可能只见过Windows及MacOS，Linux会相对比较陌生。作为由UNIX派生而来的Linux系统，通常会用于服务器，也可能运行在一般家庭的电子产品里。

Python不仅可以在Windows上运行，MacOS、Ubuntu等Linux OS系统也没有问题。还可以运行在商务人士常使用的个人笔记本，甚至在网络上的服务器中也能够运行，最近经常能够听人提起的云端服务器上也可以使用。

另外，Python还有一个优点是运行所需资源很少，因此在Raspberry Pi（树莓Pi）等低价的单板机上也能够运行。这里提到的资源，主要是指内存及硬盘容量等硬件资源。

可以说，Python拥有非常广阔的环境能够进行制作与运行。

作为入门级且臃肿不堪的VBA

使用Excel足够熟练的人，可能还是会觉得"即便如此，操作Excel数据的时候，还是选择VBA更合适吧"，于是这里就VBA以及Python做进一步的比较。可能有部分读者会感觉过于深涩，但不太明白也没有关系，过于困难的部分就跳过，粗略地浏览一下即可。

Visual Basic是微软公司于20世纪90年代开发出来的通用程序设计语言，具有相当的"历史"地位，起源于名为BASIC的语言系统。

BASIC（beginner's all-purpose symbolic instruction code）在计算机的黎明期时代，是一种简单易懂、谁都能使用的编程语言，颇具人气。作为个人也能够进行程序开发的环境出现，带给人们极大的鼓舞，甚至有人认为，不只是技术人员，所有人都将参与程序开发的时代来临了。与现在Python所带来的人气稍微有些相似。

基于BASIC语言所建立起来的Visual Basic至今依然是强大的集成开发环境之一。创建窗体、设置按键等GUI控件、结合单击按键等事件编写程序代码，这种被称为RAD（Rapid Application Development）的开发方式拥有不少人气。

紧跟着VB盛行的浪潮，VBA也在20世纪90年代被集成至Excel及Access之中。至此，Excel与Access就从应用软件变为了应用开发环境。并且在窗体上配置好GUI控件之后，甚至可以扩展Excel表单的输入数据，连单靠Excel函数都无法完成的复杂计算也可以顺利进行。

随着Microsoft Office的版本升级，VBA的功能也随之提高，虽然更加普及了，但是基本的语言使用方法并没有改变。因为是以面向初学者的BASIC语言为基础所构建的，虽然简单易懂，但同时也有烦琐的说明，最终代码就会过于冗长。

关于VBA的代码冗余，不仅表现在常常出现超长的代码行，还会有如下所示的代码说明过量的情况出现。

```
1   For i = 1 To 5
2   ├──→If Cells(i, 1).Value >= 60 Then
3   ├──→├──→Cells(i, 2).Value = "good"
4   ├──→Else
5   ├──→├──→Cells(i, 2).Value = "bad"
6   ├──→End If
7   Next
```

该示例中，代码会查询A列第1行到第5行之间的值，大于60则在旁边的单元格中输入good，否则输入bad。可以看到，该代码中使用了条件分支语句If，相对应的就必须使用Then，同时If语句还必须以End If作为结尾。

而同样的程序在Python中则可以使用更加精简的代码完成。

如下的代码，就是使用Python中的三元运算符实现之前VBA代码的示例。

```
1   for row in range(1, 6):
2   ├──→sh.cell(row, 2).v se "bad"
```

对比之下可以看到，Python中可以很爽地完成相同目标的代码，与VBA中不厌其烦的说明书样式相比可谓是大不相同。

03 | 搭建Python的编码环境

　　本章至此，我们已经了解到Python语言在日常业务中能够发挥长久的作用，是时候开始使用了。本书设想的使用环境是商业场景，会介绍如何在Windows 10操作系统中搭建Python的编码环境。在这里先说明Python的安装方式，然后介绍如何安装编写代码时提供辅助的源代码编辑器。

安装Python

　　作为安装Python的第一步，就是下载Windows用的安装文件，为此需要访问官方网站https://www.python.org/，如图1-3所示。

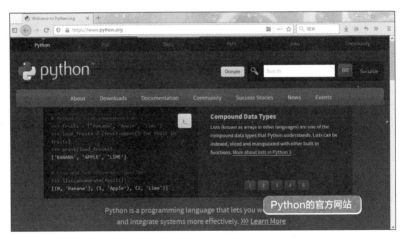

图1-3　Python的官方网站（https://www.python.org/）

　　在Python官方网站首页的菜单中选择Downloads菜单，然后在下拉菜单中选择Windows选项。

图1-4　选择Windows选项

　　此时可能会直接显示下载最新版的按钮，直接单击进行下载即可，但此处为展示下载的其他相关信息，将会继续说明有关页面中的内容。

　　点击链接之后跳转到Windows用Python的页面。该页面中不仅可以获取到最新版本，还有开发中的预发布版、过去的预发布版等内容。

　　可以看到，在页面的上方显示带有Latest Release标识的最新版本有两种。

图1-5　带有Latest标识的Python版本有两种

两种不同的版本分别对应Python3和Python2的最新版。Python2系列是传统旧内容，而Python3系列则是后开发的新版本。

这里选择安装Python3的最新版。单击"Latest Python 3 Release – Python 3.8.5"文本链接，打开最新版的下载页面，3.8.5是译者翻译时的最新版。虽然编号可能会发生变更，但不管数字怎么变化，下载最新版（Latest）的即可[1][2]（译注：在进行翻译的时间点Python版本已为3.8.5，如无特殊情况，译文中使用的均为该版本）。

小提示

分辨某一功能是用于Python2 还是Python3

应该选择哪种Python呢？本书中介绍的内容是基于Python3系列版本的，但是在网络上查询Python的资料，依然还是有很多Python2系列版本的相关内容。在众多关于Python的资料中，有的明确标记了版本号，也存在没有标明的情况。

这时候有个简单的方法可以用于分辨，那就是print。在Python2中print属于语句[3]，因此会使用以下格式。

```
print "Hello,Python"
```

而Python3中print则是函数，调用方法如下。

```
print("Hello,Python")
```

仔细查看资料中的代码，从中找到相关内容进行分辨。

---

[1] 翻译本书时最新版本为Python3.8，此时该版本刚刚发布，在使用第7章介绍的库时会产生问题。在阅读本书时，此问题可能已经得到了解决，但如果使用最新版时出现了问题，请从图1-5的页面中选择Stable Releases下的Python 3.7.x版本进行安装。

[2] 文字或插图中出现的3.7或3.7.4会因环境而所有不同。

[3] 语句用于描述指令及声明，与函数及表达式均为组成程序的元素之一。

打开Python3最新版的下载页面后，向下滚动页面，在Files选项区中列出了所有能够下载的文件。

图1-6　**Python3最新版的下载列表中提供了各种可选版本**

版本下载选项列表中仅以Windows开头的就有好几种，带有x86-64标记的是64位系统使用的安装包，只有x86标记的则为32位版本。Windows 10等操作系统如果是64位的版本，则任意一种均可使用，本书使用的是64位版本。如果OS为32位时，请下载标记为x86的版本④。

32位及64位分别包含3种可下载的文件，每种均为Python的安装文件，最简单易用的就是可执行程序为executable installer形式的。请根据所用计算机的情况，选择32或64位的executable installer并开始下载。

双击下载好的文件，即可开始安装⑤，安装过程中会出现一些需要进行设置或是确认的情况。

---

④ 若不清楚所使用的计算机是32位还是64位系统，请通过"开始"菜单打开"设置"面板，选择"系统"选项，在打开面板左侧的列表中选择"关于"选项，在"设备规格"区域可得知系统是32位还是64位的。

⑤ 若在安装过程中出现提示"你要允许此应用对你的设备进行更改吗？"（用户账户控制）时，请单击"是"按钮继续安装。

图1-7　刚开始安装时

　　在安装的初始界面，需要勾选Add Python 3.8 to PATH复选框，这样在启动Python时，就不需要每次都手动移动至Python所在的安装路径下。

　　为能获得方便使用的环境，此处请选择Customize installation选项，之后将会切换至Option Feature安装界面。

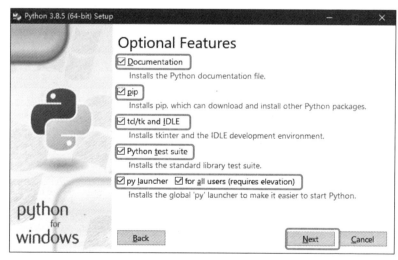

图1-8　**在Optional Features界面勾选所需复选框**

确认无误即可单击Next按钮继续安装。接下来将打开Advanced
Options安装界面。

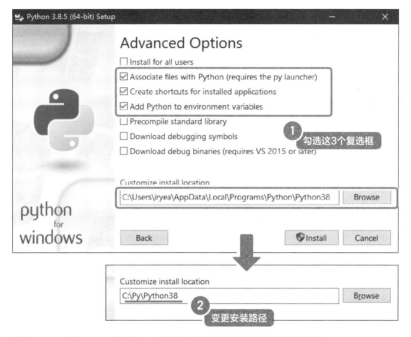

图1-9　**在AdvancedOptions界面勾选所需复选框并变更安装路径**

在Advanced Options界面需要勾选Associate files with Python
（requires the py launcher）、Create shortcuts for installed
applications和Add Python to environment variables 3个复选框，然后
修改Customize install location文本框中的安装位置（路径），默认的安
装路径文件夹层数过多，最好改为更简洁的路径。

这里将路径改为较简单的"C:\Py\Python38"，目的在于缩短安装位
置（路径）的字符串长度。修改完成之后，单击Install按钮继续安装。当
界面上显示Setup was successful时，则表示安装已完成。

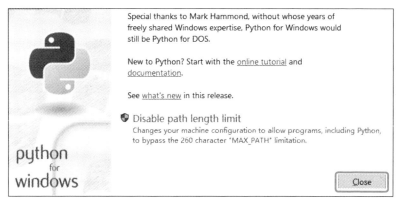

Special thanks to Mark Hammond, without whose years of freely shared Windows expertise, Python for Windows would still be Python for DOS.

New to Python? Start with the online tutorial and documentation.

See what's new in this release.

🛡 Disable path length limit
Changes your machine configuration to allow programs, including Python, to bypass the 260 character "MAX_PATH" limitation.

Close

图1-10　**安装完成**

如果单击界面下方显示的Disable path length limit提示信息，将会解除OS设置的路径字数最长限制（MAX_PATH），因之前的安装中，已经把安装路径修改为简洁路径，此处不需要更改设置。单击Close按钮，关闭安装导航对话框。

启动并确认Python的安装版本

完成Python的安装后，会在"开始"菜单列表中添加Python的相关选项。

图1-11　**从"开始"菜单打开Python 3.8**

在打开的扩展菜单中选择IDLE（Python3.8 64-bit）选项进行启动[6]。

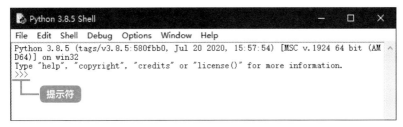

图1-12 **启动Python 3.8.5 Shell**

图1-12显示已启动Python 3.8.5 Shell。通常Shell指的是由OS提供、用于直接输入指令的软件，而此处的Shell则并非OS而是由Python提供的。"＞＞＞"标记称为提示符，由此处键入Python程序代码，键入Enter键之后代码将会被执行。此时称为交互模式（interactive mode），交互带有对话的含义。

打开Shell并出现提示符之后，输入以下代码。

```
print("Hello Python")
```

之后按下Enter键。

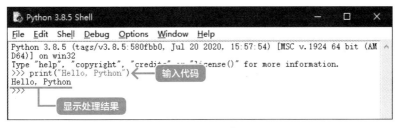

图1-13 **输入的代码下方显示"Hello，Python"**

输入了正确的代码之后，将会显示"Hello，Python"。至此，Python的验证已完成。

---

[6] IDLE是（Python's）Integrated Development and Learning Environment的简称。

安装Visual Studio Code

接下来安装源代码编辑器Visual Studio Code。Visual Studio Code是由微软免费提供的程序开发辅助工具，可以让编码的过程变得更加轻松。

在引入Visual Studio Code之前，首先需要访问其官方网站（https://code.visualstudio.com/）并下载安装程序。

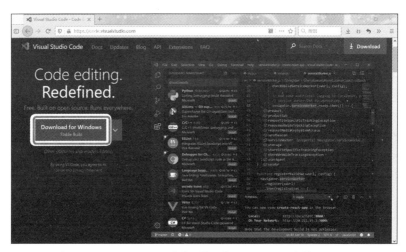

图1-14　从Visual Studio Code官方网站下载Windows版安装程序

Windows操作系统上访问官方网站时，可以看Download for Windows按钮，单击下载安装程序。网站会自动识别用户的OS，如果使用MacOS访问时，则会显示Download for Mac按钮。按钮第二行显示的Stable Build字样表示是稳定版。或是为了提早介绍新功能，或是依靠用户进行测试，抑或是寻求对软件的评价，有时候软件还会发布Alpha版（测试版）、Beta版（试用版）和Release Candidate（候选发布版）等。而经过这一系列的改进之后，最终发布的就是Stable Build版本。

双击下载好的安装程序文件，就可以开始安装了。Visual Studio Code的安装过程中，基本不需要更改设置。

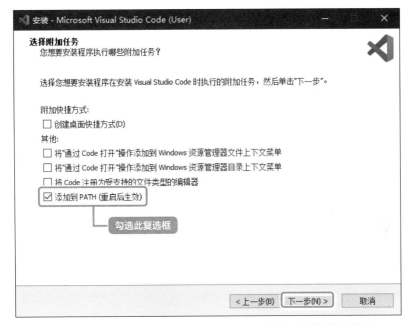

图1-15　"选择附加任务"面板中勾选"添加到PATH（重启后生效）"复选框

　　在"选择附加任务"面板中确认是否勾选"添加到PATH（重启后生效）"复选框，默认情况下为勾选状态。然后单击"下一步"按钮，直到完成全部的安装步骤。

安装用于辅助编码的扩展功能

　　只安装好Visual Studio Code，还不能算准备就绪。为了能够编写Python程序还需要安装扩展（extension）。需要的是Visual Studio Code中文简体版插件（Chinese (Simplified) Language Pack for Visual Studio Code）和Python代码辅助扩展（Python Extension for Visual Studio Code）。安装了Python Extension for Visual Studio Code之后，将可以使用自动缩进、代码自动补完（IntelliSense）和更严格的语法检查（Lint功能）等一系列的代码辅助功能。

　　先启动Visual Studio Code开始汉化的设置吧。

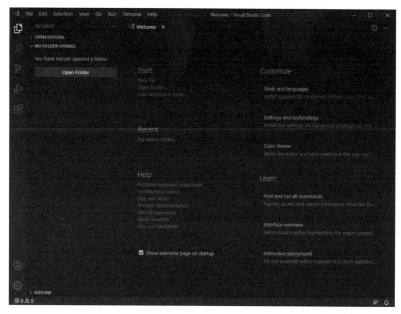

图1-16　启动Visual Studio Code

　　之后单击左侧选项列表中从上往下数第5个Extensions图标,然后在出现的搜索框中输入chinese并进行查询。

图1-17　搜索框中输入chinese关键字并进行查询

正常情况下可以看到查询结果为Chinese…开头的选项，包括简体和繁体两种。如果找不到搜索结果时，请使用"中文"和Microsoft关键字进行查找，找到后单击Install按钮。

扩展的安装几乎不需要什么时间，单击Install按钮，按钮会变成代表设置含义的齿轮图标，在界面右侧出现"适用于VS Code的中文（简体）语言包"的说明时安装就完成了。

图1-18　Chinese Language Pack for Visual Studio Code安装完成

但是到这里还没有完成全部的汉化操作，还需重新启动Visual Studio Code，可以直接单击界面右下角的Restart Now按钮。

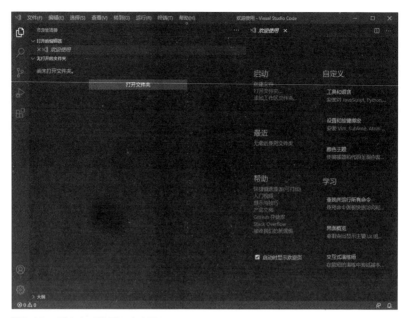

图1-19　重启之后将显示中文界面

重启后可看到Visual Studio Code已完成了汉化显示。再次单击左侧选项列表中的Extensions图标，然后在右侧搜索文本框中输入Python关键字进行查询到EXTENSIONS的界面，继续安装Python Extension for Visual Studio Code。

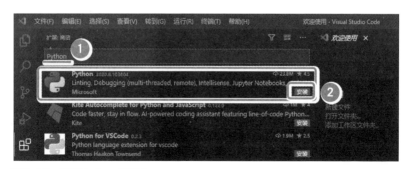

图1-20　搜索Python关键字

由微软开发的Python扩展安装完成之后，还需要确认一下结果。单击界面左侧菜单列表最上面的图标选项，将会显示Visual Studio Code中管理文件的"资源管理器"界面。

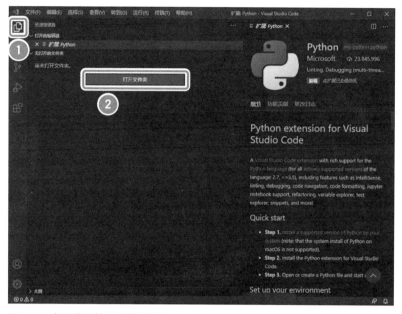

图1-21　打开资源管理器进行确认

可以看到现在还处于"尚未打开文件夹"的状态，单击下面的"打开文件夹"按钮。如果事先就准备好用于保存Python程序的文件夹，那么操作就可以进一步简化。这里会打开文档里事先准备好的PYTHON_PRG文件夹（译注：此处准备文件夹时，请尽量不要使用中文名称或全角符号，因为可能会导致在运行代码时出现无法找到路径的错误）。

打开文件夹后，单击文件夹名称右边的新建文件图标，就会出现输入文件名的输入框，这里将文件命名为sample.py。

图1-22　在PYTHON_PRG文件夹中创建文件

输入代码之前的准备就算完成了，资源管理器区域的右侧已打开sample.py标签页，其下方的空白就是编码区域，接着输入以下代码。

```
print("中文")
```

之后⑦，就可以保存文件内容。

图1-23　输入代码"print（"中文"）"

---

⑦ 此时会弹出Linter pylist is not installed的提示，请遵从提示安装Linterpylist。Linter会提供代码检查的功能（译注：如果未开启第三方网络加速软件，可能会出现下载失败，此时可重启vscode等待提示再次自动弹出）。

尝试运行刚刚输入的代码吧。如果是较简短的代码，即使不启动 Python也可以在Visual Studio Code里确认结果。在"运行"菜单中选择 "以非调试模式运行"命令来执行代码。

图1-24　在终端执行输入的代码

可以在界面下方的"终端"面板中确认程序运行结果，同时，可以把 "终端"显示切换为"调试控制台"（译注：默认位于终端标签的左侧）。

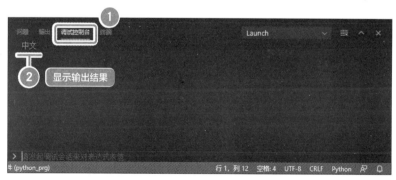

图1-25　调试控制台显示执行结果为"中文"

显示的内容仅为结果输出"中文"（译注：此处有可能没有显示任何内容，这是由于设置不完全造成的，并不影响验证。想要同时在终端及控制台中显示运行结果，可扫右侧二维码观看操作视频）。至此，Visual Studio Code的安装已确认完毕，编码环境搭建完成。

做好准备工作之后，从第2章开始终于可以正式学习编程了！

读书笔记

Python与编程基础

千岳
稳步向前

傍晚，千岳在公司的休息室吃着晚餐的三明治。

麻美 "千岳，又见面啦。要加班吗？"

千岳 "不是的，一会要去Python的学习会。麻美你手里拿的是什么？"

麻美 "乌龙茶跟饮料哦，要去参加酒会。"

千岳 "哇，真辛苦，感觉好像大叔。"

麻美 "哎呀，富井科长说过，酒会也是工作的一部分。要全力向前冲！"

千岳 "麻美你看起来很乐在其中的样子。"

麻美 "并没有哦！编程学习怎么样了？能写出程序了吗？"

千岳 "还差得远呢！正在写一点Python小程序，用来练习语法。"

麻美 "语法，是像英文的语法那样吗？"

千岳 "有点接近，英文这类自然语言，毕竟是用来跟人交流的，或多或少都能够明白些。但是计算机语言，输错一字一句就会报错，然后程序就会整段垮掉。"

麻美 "是吗？程序这么死板吗？之前在电视上看到的人工智能，很含糊的内容也能够听明白，还以为计算机很聪明呢，原来不是啊！"

千岳 "使用跟制作之间还是有很大差别的，编程就是需要踏踏实实地编写代码。"

麻美 "好吧，给你罐饮料，要加油哦！"

- -

　　编程环境已经准备好了，现在可以正式开始编程之旅了。事不宜迟，这就读取Excel中的数据……虽然很想这么说，但对于初次接触编程的人来说，还有一些需要学习的基础知识。

　　不同的编程语言其语法也是不尽相同的，但有些共同的知识、规则或方法等内容，是跟语言种类无关的。本章会以Python为中心，根据需要讲解编程共通的基本知识。

01 | Python的语法

　　首先需要记住的内容有三点，变量与数据类型、运算符、函数。这几点非常重要，甚至用一整本入门书籍来讲解也不为过。或许简单读一次并不能完全理解，但是没关系，第3章之后还会再次讲解，多次重复阅读更能够加深印象。

变量与数据类型

　　变量是编程语言中最基本的机能之一。在程序运行时有些值会需要空间进行记忆，取出计算机内存的一部分，命名之后拿来使用时就称作变量，如图2-1所示。

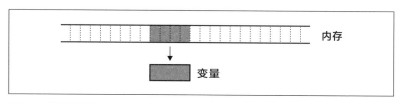

图2-1　变量示意图

比如，根据大量销售数据计算某位特定客户的总金额，或测量某种处理开始之后所经过的时间等情况，都需要使用变量。当然，变量不仅只用于数字计算，输出文章时保存字符串、储存给定条件是否满足的值等情况也会用到变量。不难看出，变量可以保存各种类型的值，而为了能够分门别类使用各种变量，编程语言需要使用数据类型进行分类。数据的四种类型，如表2-1表示。

表2-1　四种数据类型

数据类型		内容
数值型	整数型（int）	不含小数点的数值，有负号的为负数，没有则为正数，例如-120、-3、0、3、1600等
	浮点型（float）	包含小数点之后部分的数值类型，例如12.234、-123.456等
布尔型（bool）		仅有True（真）和False（假）两个值
字符串型（str）		表示一个或多个字符的序列，用单引号或双引号括住，例如'Hello'"See you"'你好''再见'等

Python的基本数据类型相比其他语言更简单一些，不包含小数点的数值为int（整数）型，包含小数点则为float（浮点）型。在其他语言中，例如Java，光整数就会根据数值大小（位数）分为4种类型，但为了让程序进行区分这是有必要的。

bool（布尔）型数据仅包含True（真）和False（假）两个值。读者可能会有疑问，只能记录两个值的数据类型到底有什么用？但布尔型数据在程序控制方面有着相当大的作用。

　　str（字符串）型是储存了单个或更多字符序列的数据类型。虽然有些语言中会将单个字符与多个字符的类型分成两类[1]，但是Python中并没有这种区分。

　　程序在编写时就已经决定好数据类型的语言，称作"静态类型语言"，Java和C语言都属于静态类型语言。静态类型语言在声明变量时必须标明数据类型。

　　而Python则是"动态类型语言"，变量的类型是在程序运行时，根据变量的值反过来决定的。接下来，我们就通过实际的程序代码来确认Python是如何使用变量的吧！这里使用第1章中确认Python安装完成时使用的Python IDLE进行测试。Python IDLE在输入一行程序代码之后，按Enter键就可以直接执行该代码。

　　先在提示符之后输入以下代码。

```
a = 6
```

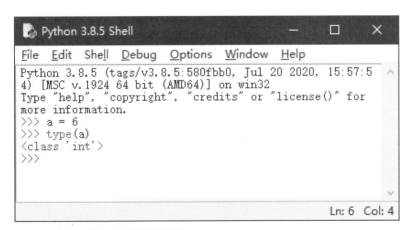

图2-2　变量a赋值6之后确认其类型

---

[1] 例如C语言中是将单个字符与多个字符分成两种类型。

在图2-2中，代码a=6的含义是，定义变量a并赋值6，其中"="是赋值运算符，会将右边的值赋予左边的变量。a的值为6，对应表2-1的分类为int型数据。

Python中可以使用type()函数调查数据的类型，接着在提示符之后输入以下代码。

```
type(a)
```

之后按下Enter键，结果如下。

```
class 'int'
```

由上述结果可以确定变量a的数据类型为int型，因为在给a赋值6时变量就已经成为了int型。

接着将带有小数点的数值赋值给同一个变量a，然后再次调查a的数据类型，如图2-3所示。

```
<class 'int'>
>>> a = 3.14
>>> type(a)
<class 'float'>
>>>
```

图2-3　赋值3.14之后变量a变为float型数据

可以看到变量a变为了float型数据，这就是动态类型的含义。

同样地，给变量a赋值字符串Hello就会变为str型，赋值真假（布尔）型的True则会变为bool型数据，如图2-4所示。Hello作为字符串时需要用双引号括起来，但布尔值True则不需要使用单引号或双引号，因为True本身即为布尔值。

```
>>> a = "Hello"
>>> type(a)
<class 'str'>
>>> a = True
>>> type(a)
<class 'bool'>
>>>
```

图2-4   根据输入的值变化为字符串型以及布尔型

变量的命名方法

变量并不能根据喜好随便命名，存在一定的命名规则。

· **变量名中可以使用的字符仅有大小写英文字符、数字以及下划线（ _ ）。**

下划线以外的符号及空格，均不能用于命名变量。

· **变量不能以数字开头。**

可以使用str1作为变量名，但是1str则不可以。

· **作为变量名时，大小写字母是有区别的。**

Python中会将A与a识别为两个不同的变量名（当然Abc与abc也会被区分）。

· **不可以使用关键字。**

在第1章表1-1中介绍过的Python关键字，均不能作为变量名使用，比如"if = 5"就是不可以使用的错误命名。

遵守以上规则，就可以自由命名变量。但是，当程序中使用大量变量时，如果毫无规律地进行命名，很容易就获取到错误的变量，给自己造成混乱。

那么，应该用什么方式命名变量呢？首先，建议使用英文小写字母组成简单易懂的单词作为变量名。

比如说可以使用cost或者price等英文单词来命名。如果有多个相似性质的变量需要命名，就与数字相结合组成cost1、cost2；如果想要带有一定的含义，则可以使用下划线组成类似price_normal、price_sale的名称。

在其他语言中，如果希望变量在首次赋值之后就无法进行变更，则可以使用常量，其与变量的声明方法是不同的。但在Python的语法中是没有常量的，可以将程序开始到结束都不修改的变量作为常量使用。为了不要误操作导致中途改变其内容，可以尝试使用与普通变量不同的风格来命名。笔者推荐采用英文大写字母以示区别，比如价格的最大值可以用PRICE_MAX = 100000来表示。

算术运算符

本章之前已经介绍过如何使用赋值运算符"="给变量赋值，而程序中还会利用其他各种运算符。这里将介绍Python的基本运算符，包含算术运算符、比较运算符、复合赋值运算符以及逻辑运算符。首先从算术运算符开始说明吧，如表2-2所示。

表2-2 **算术运算符**

运算操作	符号
加法	+
减法	-
乘法	*（星号）
除法	/（斜线号）
取模（求余）	%
整数除法	//
幂	**

改变变量中的值或变量之间进行计算时，都会使用算术运算符，同样也在Python IDLE中实际使用一下吧。先将5赋值给变量a，如图2-5所示。

```
>>> a = 5
>>> a + 3
8
>>>
```

图2-5 使用+进行加法运算

　　下一行中，变量a使用+运算符进行加3运算，执行之后会显示结果8。

　　然后尝试为变量b赋值2，然后计算a减b并将结果赋值给变量c，最后使用print()函数输出c的值，如图2-6所示。

```
>>> b = 2
>>> c = a - b
>>> print(c)
3
>>>
```

图2-6 变量与变量相减的结果赋值给另一个变量

　　能够像这样计算变量的值，从电脑被称为电子计算机的时代开始，就是程序中非常重要的功能。给变量a赋值5、变量b赋值3之后，也尝试一下其他的算术运算符吧。

　　乘法时使用*运算符，a / b则会获得相除之后包含小数点的商，如果只想要整数的商可以使用//运算符，%运算符则会获取剩下的部分（求余），最后**运算符是进行幂运算。各种算术运算符的运算，如图2-7所示。

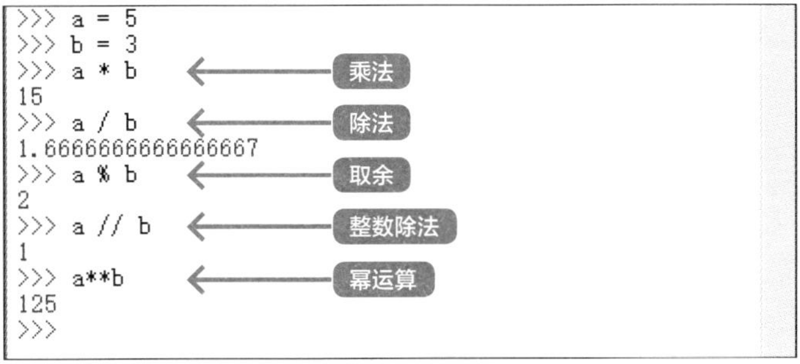

```
>>> a = 5
>>> b = 3
>>> a * b          ⟵  乘法
15
>>> a / b          ⟵  除法
1.6666666666666667
>>> a % b          ⟵  取余
2
>>> a // b         ⟵  整数除法
1
>>> a**b           ⟵  幂运算
125
>>>
```

图2-7 尝试其他的算术运算符

比较运算符、复合赋值运算符和逻辑运算符

除了算术运算符之外，还有其他很多重要的运算符。之前已经介绍过运算符=会将右边的值赋值给左边，而数学中符号=称为等于号，表示左右两边的值相等，因此对于将=作为赋值运算符的大多数编程语言来说，无法使用等号来表示左右两边是否相等的情况。解决该问题的方法是，新增==以及其他与=组合的连续两个运算符，其中==用于判断"左右两边是否相等"，此类运算符称为比较运算符。比较运算符的写法和含义，如表2-3所示。

表2-3 比较运算符

运算的写法	运算内容
x == y	x与y相等时返回True
x != y	x与y不相等时返回True
x < y	x小于y时返回True
x <= y	x小于等于y时返回True
x > y	x大于y时返回True
x >= y	x大于等于y时返回True

在变量a赋值5、变量b赋值3之后，实际动手使用一下比较运算符吧。比较运算符返回的是布尔值（True或者False），因此判断"a与b是否相同"时a==b将会返回False，判断"a与b是否不同"时a!=b则会返回True，另外判断a是否比b小时，a<b会返回False，而a>=b会判断a的值是否大于等于b，毫无疑问会返回True。使用比较运算符运算变量a和b，如图2-8所示。

```
>>> a = 5
>>> b = 3
>>> a == b
False
>>> a != b
True
>>> a < b
False
>>> a >= b
True
>>>
```

图2-8 利用比较运算符进行各种判断

　　如果需要将同样的处理操作重复10次，大多数程序都会单独设置一个变量用于统计次数，每执行一次循环代码就将该变量值增加1。假设统计用的变量为i，将其增加1的代码就是i = i + 1，而实际应用中则会简写为i + = 1，这就是复合赋值运算符。复合赋值运算符的写法和含义，如表2-4所示。

表2-4　重要的复合赋值运算符

运算的写法	运算内容
x += y	将x + y的结果赋值给x
x -= y	将x - y的结果赋值给x
x *= y	将x * y的结果赋值给x
x /= y	将x / y的结果赋值给x
x %= y	将x / y的余数赋值给x

　　下面，请实际尝试一下应用复合赋值运算符吧。

```
>>> i = 0
>>> i = i + 1
>>> i += 1
>>> i -= 1
>>> print(i)
1
>>>
>>> i *= 2
>>> print(i)
2
>>>
```

图2-9　使用复合赋值运算符进行运算

在图2-9的前半段代码中,第一行将0赋值给变量i作为初始化,第二行将其增加1,第三行使用复合赋值运算符。从结果上来说,是与前一行效果完全相同让i增加了1,第四行则将i减少了1,因此前半段的计算结果为1,而后半段代码则将i变为两倍(乘以2)。

由此可见,使用复合赋值运算符,可以让那些稍显烦琐的教科书式代码更加简洁。大家可以尝试并理解,各种值在经过复合赋值运算符计算之后的结果是如何变化。

最后介绍的是逻辑运算符。逻辑运算符也有很多种,先学习and、or以及not这类基础的逻辑运算符,如表2-5所示。此类运算符可以将复数的条件结合在一起进行运算,为了便于理解,使用数学集合中的文氏图绘制了参考示例,其中and表示逻辑与、or表示逻辑或,如图2-10所示。

表2-5 **基础的逻辑运算符**

运算的写法	运算内容
x and y	x和y的逻辑与,如果x和y都是True,则返回True
x or y	x和y的逻辑或,如果x和y包含True,则返回True
not x	x的逻辑非,x为True则返回False,反之则返回True

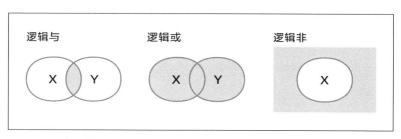

图2-10 **逻辑运算符示意图**

译注:根据逻辑运算符的示意图可以得到以下结论:逻辑与是只有X为True且Y为True时,结果才为True;逻辑或是X为True或Y为True时,结果为True;逻辑非是将True和False反转。

"将复数的条件结合在一起进行运算"光这么说可能很难理解，下面就结合实际例子看一下吧。

```
>>> a = 0
>>> b = 10
>>> a < 1 and b > 9
True
>>> a > 5 or b > 5
True
>>>
```

图2-11　逻辑运算符and与or的实际演示代码

在图2-11中，使用and运算时，a小于1且b大于9，所以结果为True。而or运算时只要有任何一边的条件成立时就会返回True，虽然a> 5不成立，但b> 5是成立的，因此结果也是True。

接着，再看一个逻辑运算符not的示例吧。

```
>>> a = False
>>> not a
True
>>>
>>>
```

图2-12　使用not的示例

在图2-12中，not会把条件反转过来，False的逻辑非为True。

根据实际编程中不同的需要，可以将之前介绍的运算符结合在一起，在程序中运用。

函数

曾经在第1章中介绍过，Python3中"print是函数"，除此之外Python中还有很多其他的函数。

写程序就像是在搭建房屋。如果是熟练工搭建一间狗屋类的小型建筑，就算直接拿着板子往柱子上钉，不出意外基本上也能造好。但是如果要造一栋大型的家庭用房屋，无论如何都需要事先进行设计才行。家里需要有全家人一同使用的客厅这类共享空间，也有类似储藏室这种有着明确使用目的、平时不常去的空间。

程序也是如此，有些代码是只有特定的处理中才会使用，也有的代码会反复在各种情况下被调用。想要在整个程序中分享代码，将其作为函数来使用会更加方便。

虽然也可以自己编写函数，但编程语言中通常会内置一些函数，这些函数一般称为内置函数（内建函数）。很多情况下，程序会由多名程序员共同进行编写，Python出于对此情况的考虑，内置函数才会成为其基本功能之一。图2-13展示了Python的内置函数。

图2-13　内置函数一览[2]

---

[2] Python3内置函数可通过网址https://docs.python.org/zh-cn/3/library/functions.html进行查看。

print()函数的功能是读取参数并将其显示出来，仅此而已。大多数函数也与之相似，即接收参数，然后输出返回值，如图2-14所示。

图2-14　**函数示意图：接收参数并输出返回值**

例如，abs()函数会返回所获取参数的绝对值，max()函数会接收两个以上的参数并返回其中的最大值，如图2-15所示。

```
>>> abs(-10)
10
>>> max(1,5,10,15,6)
15
>>>
```

图2-15　**abs()函数与max()函数示例**

编写原创函数

虽说Python中准备了各种内置函数，但是内置函数通常会有一个通用的目的，有时候仅使用内置函数并不足以完成程序，这时就需要编写自己的函数了。

像这样自己编写函数的做法称为"定义"函数。应该什么时候进行函数的定义，很大程度上取决于想要编写怎样的程序，而程序也不是突发奇想输入代码就会出现的。我们需要在梳理程序的整个制作流程时，看看有哪些地方需要定义函数。

先对程序整体的需求进行总结。为此，需要考虑程序的目的，并决定输入数据的样式，以及最后输出的内容。同时，还会考虑应该以什么样的顺序进行怎样的处理，最终决定程序整体的流程。

而在整个流程中，如果有一些需要多次执行的处理流程，无法简单地依靠运算符及内置函数获得结果，就可以编写函数。比如程序中需要计算商品销售与购入时的消费税，而该计算过程会被多次调用时，就可以将其编写为自定义的函数。

　　函数的定义由关键词def开始，如图2-16所示。

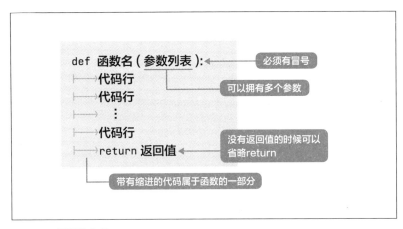

图2-16　函数的定义

　　接着需要决定函数名，并指定所需参数的数量，如果不需要参数可以省略参数部分。另外，在定义函数时指定的参数称为"形式参数（形参）"，而实际调用函数时输入的参数称为"实际参数（实参）"。

　　def代码行以冒号结尾，在def之后的代码行中，带有缩进的部分为函数内部，即函数的实际处理操作。最后用return指定函数的返回值，如果是无返回函数，则可以省去return。图2-17是在Visual Studio Code中实际编写的消费税计算函数。

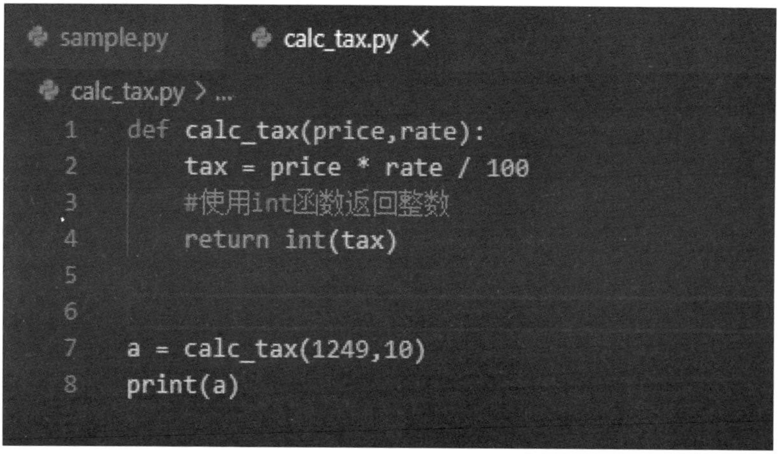

图2-17　在Visual Studio Code中编写calc_tax.py并定义函数

在calc_tax.py文件中输入以下代码，其中定义了函数calc_tax。

代码2-1　定义了calc_tax函数的calc_tax.py

```
1  def calc_tax(price,rate):
2  ├──→tax = price * rate / 100
3  ├──→return int(tax)
4
5
6  a = calc_tax(1249,10)
7  print(a)
```

在代码2-1中，第1行def即为函数的起始。根据第1行代码可以看出，该函数名为calc_tax，并包含price（主体价格）及rate（消费税率）两项参数。

从第2行开始就是calc_tax函数的处理流程代码。首先，使用算术运算符计算变量tax，即消费税金额，算式为price * rate / 100。然后在函数的最后，也就是第3行代码，计算的消费税金额经过int函数转为整数之后作为返回值输出。

第6行代码a = calc_tax(1249,10)调用了函数calc_tax，1249与10
为实际参数，分别是本体价格以及消费税率的数值。把消费税金额赋值给
变量a之后，第7行代码使用print()函数显示变量a的值。最后可以在调试控
制台中确认输出结果为124。

∎∎∎∎∎∎∎∎∎∎∎∎∎∎∎∎∎∎∎∎∎∎∎∎∎∎∎∎∎∎∎∎

麻美 "千岳，请问这个程序里以升记号（Sharp）开头的'#使用int函数
返回整数'是什么意思？也是程序代码吗？"

代码2-2　附上注释后完整的calc_tax.py

```
"""
calc_tax函数的参数是本体价格及消费税率
计算之后返回消费税金额
"""
def calc_tax(price,rate):
    tax = price * rate / 100
    #使用int函数返回整数
    return int(tax)


a = calc_tax(1249,10)
print(a)
```

千岳 "麻美，这个不是升记号，而是井号（hash mark，#）哦，升记号
（Sharp，#）的倾斜方向是不同的。"

译注：升记号即升号，为乐谱中使用的变音记号，与井号的区别在
于，升记号是竖线保持垂直而横线倾斜，井号则是横线水平但竖线
倾斜。

麻美 "啊，的确！千岳还是这么较真儿，看起来都差不多嘛。"

千岳 "这么较真，真是对不起了！话说回来，这一行叫作注释行，是为了对程序的处理流程进行说明而写下来的。上次的学习会中，老师说最好能够多写一些。"

麻美 "那在最开头的部分，小点围起来的文字也是注释吗？"

千岳 "没错，麻美还是只有直觉这么准呢。如果要写好几行注释，就用3对双引号或者3对单引号包围起来；如果是单行的注释，或者是跟在代码之后的注释，就用井号作为开头。"

麻美 只有直觉准什么的，太失礼了吧。话说回来，一定要写得这么仔细才行吗？

千岳 "嗯，学习会的老师说，过个半年，就算是自己写的程序也会记不清楚，所以最好还是写得详细一些。"

麻美 "原来是这样。"

面向对象

关于Python的基础知识，最后进行说明的是"面向对象"。现如今的编程语言基本都是面向对象的，这是无论如何都无法回避的一个概念。但是，想要完全理解面向对象则需花费很多时间，所以这里仅仅介绍最基本的概念。刚开始可能会觉得有些抽象，因此不要在意细节问题，大致有所了解即可。

面向对象会着重于关注事物（对象），事物有行为以及属性，其中行为对应方法。

在面向对象程序语言中，事物也就是对象，通常会由一个基本的设计图来表示，其中定义了可以使用的方法与属性，这张设计图称为类。

由类生成实际用于程序中的对象，这个过程称为实例化（实体化、具体化），而实例化的对象，则应当包含其设计图类中的方法与属性，如图2-18所示。

Python中所有的数据都是作为对象来处理的，由a=10所生成的变量属于int（整数）类的对象变量，因此对象变量a才可以使用int类的方法与属性。

听起来似乎很复杂，但在之前的说明中已经使用对象了，示例代码中赋值时使用的变量，全部都是对象。从第3章开始会频繁使用的Excel工作簿（Workbook）、工作表（Worksheet）以及单元格等，也都会以对象的方式进行调用。

换言之，每个对象都拥有由各自类所定义的方法与属性。在第1章的VBA程序示例中介绍了以下代码。

```
Cells(i, 1).Value
```

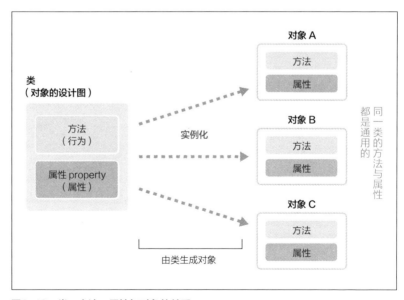

图2-18　类、方法、属性与对象的关系

代码就是获取单元格所拥有的Value（值）属性。这种使用方法需要读者熟练掌握，无论是VBA、Python或是其他面向对象的语言，基本都是相同的格式，在调用对象所拥有的方法与属性时会按照○○○.×××的格式，通过句点（.）将各个对象与方法属性连接在一起。这个句点称为句点运算符，句点运算符的左侧为对象、右侧则是对象所拥有的方法或属性（译注：句点在Python官方文档中被归类为分隔符，在浮点数与虚数中也会作为小数点出现）。

关于面向对象需要了解的内容已经全部介绍完毕。初次接触面向对象时，不要考虑得太复杂，只要能够熟悉其用法就可以了。关于初学者特别头疼的如何搭建类（也就是类的定义）的部分，并不在本书的讲解范围内，只要能够使用已有类就足够了，请大家保持轻松的心态阅读。

读书笔记

操作Excel工作表

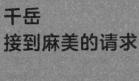

千岳
接到麻美的请求

[麻美] "千岳，能跟你商量一件事吗？"

与千岳——也就是千田岳同期的销售助理麻美，来到他所在的总务部，看起来似乎对有些事情感到困惑。

[麻美] "我们不是在公司系统的Web销售管理中管理营业额吗，销售人员会用Excel制作销售发票，我们助理就要盯着录入到系统里，相同的操作一直重复真的烦人啊，忍不住抱怨了两句，科长就说'把Excel数据转成shi-eru-vi，自动输入到Web销售管理里，就可以一口气完成登记了，用VBA试试看吧'，但是我完全不知道该怎么做才好啊。"

[千岳] "shi-eru-vi？那是什么？"

[麻美] "是shi-eru-vi呢，还是shi-esu-vi来着，就是差不多的名字。"

[千岳] "啊，是CSV吧。"

[麻美] "应该就是这个了，好像一下子就可以完成录入啊。"

[千岳] "有了Excel版的发票还要手动输入到系统里，的确是绕了个大弯的做法。"

西玛服装的销售部，从报价开始，包含下单在内，甚至连销售额，都会由业务员把数据做成Excel表格，共享到公司内部的服务器上。完成销售额后，需要把销售发票保存到服务器上的销售文件夹里，而麻美这些销售助理的工作，就是盯着发票把其中的内容输入到Web销售管理系统当中。

[麻美] "就是说啊。千岳你应该也知道，Web销售管理系统上不仅可以做报价单，也能够跟下单、销售联动，但好像因为以前的销售一直用

的是Excel，所以现在也偏好使用Excel。富井科长还很得意地说
'看我的报价单自带网格，很帅气吧'之类的话，千岳用你拿手的
Python不能做点什么吗？"

千岳 "的确如富井科长所说，VBA可以输出CSV，但我想Python也是可
以的。"

麻美 "哇，可以做到一样的事情吗？太好啦，太好啦！明天就能做好吗？"

千岳 "不不不，再怎么说也没办法一下子就做好，再多给一点时间啊……"

麻美 "哎，千岳真没用呢。"

千岳 "哇，太毒舌了吧！"

- -

　　科长对麻美说的是"去学习一下VBA"，不过麻美却找到了解Python
的千岳寻求帮助。但是这个问题对于千岳来说可能有些过于困难，那么这
里就代替千岳编写一个能让麻美满意的程序吧。
　　这个程序并没有看起来的那么困难，其实意外地很简单。话虽如此，
对于刚刚开始学习编程的人来说，没有任何准备想要直接完成这个程序也
是不现实的，先请参考本章所介绍的程序，学会如何在Excel工作表中进行
数据的读写。

01 | 一次性读取固定格式的Excel数据

先要明确任务，考虑应该优化业务的哪部分才更合适。

根据麻美的话来看，目的应该是"将保存在服务器上的销售发票（Excel数据），尽可能自动化地转录到Web销售管理系统"。

从之前的工作流程中提取出手动操作部分，可以获得：

① **通过双眼阅读记录在服务器上的销售发票；**
② **将销售发票的内容输入至Web销售管理系统中。**

①与②两个步骤都是人工作业，一旦销售发票的数量较多，该工作就会非常辛苦。

先将步骤①中打开销售发票文件并逐张读取其中内容的操作自动化，之后如果能够再把读取的数据全部整理至CSV文件中，就能够整个交给销售管理系统进行读取，这样也能同时解决步骤②的问题。如此一来，麻美就可以省去很多的工夫。

此处假设将所需数据保存至图3-1的文件夹结构之中。

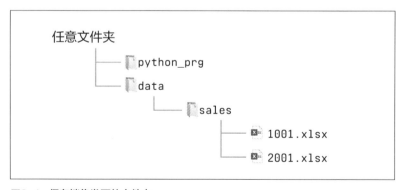

图3-1　保存销售发票的文件夹

在保存程序的python_prg文件夹同一层中建立data文件夹，接着在里面新建sales文件夹，然后以负责人编号作为文件名，将销售发票数据保存于此，如图3-2所示。

图3-2　在data文件夹下的sales文件夹中存有多个销售发票数据的Excel文件

Excel文件是以工作簿的形式进行储存的，而工作簿中又包含了多张工作表，如图3-3所示。

图3-3　Excel数据的存在形式是包含有1张或多张工作表的工作簿

所以需要在打开sales文件夹下多个工作簿之后，从其中包含的多张工作表内读取销售发票数据，然后将其记录到销售清单中。

而此处使用的数据是以图3-4的方式进行记录。

销售发票数据是由每一位销售负责人自己建立各自的工作簿，然后一张工作表中记录一张销售发票。但是一个工作簿中有可能包含多张工作表，具体的数量根据负责人的不同会有所变化。

销售发票的具体格式见图3-4，其中有浅色背景的部分将会保存至销售清单中。

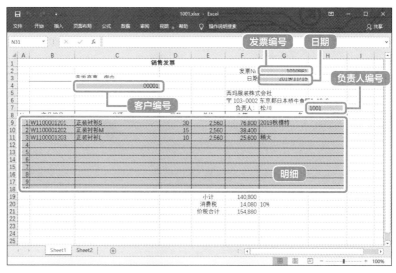

图3-4　销售发票数据及转存范围

读取指定范围内的单元格内容并制作数据清单

先要说明编写程序所需的环境。

由Python编写的程序，通常保存在带有.py后缀名的文件中，那么这里就使用文件名sales_slip2csv.py，将程序保存在python_prg文件夹中。

顺带一提，文件名中sales表示该程序是销售用的，slip指发票，csv说明输出是CSV文件，而2则代替英文单词to，合起来之后，slip2csv的含义为"发票（转换）至CSV文件"。此类用2代替to的写法，是一种很常见的谐音使用方式。

本章示例程序将会提取多个销售发票文件各自所包含的数据，制作整合清单。

由销售发票……

……生成销售数据清单

图3-5　程序的基本操作

在图3-5中，每1份销售发票文件均由每位员工各自整理而成，其中1张工作表仅对应1张发票，而1份文件中可能会包含多张工作表，如图3-6所示。

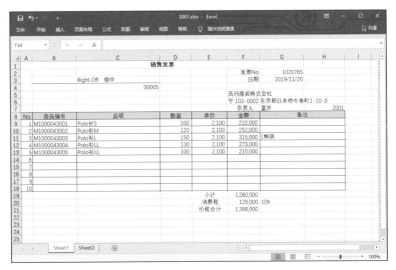

图3-6　销售发票文件中的内容

从这些销售发票文件中，读取图3-4所示范围内的数据，生成CSV格式的清单文件salesList.csv，如图3-7所示。

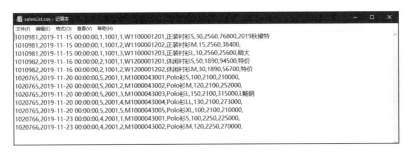

图3-7　由各销售发票数据整合而成的清单salesList.csv

一起来详细分析程序的代码吧。因为这里会对程序代码进行反复阅读比较，所以在拥有可以使用计算机的条件时，用Visual Studio Code阅读示例程序会更加方便。下载示例文件，并找到"第3章"下的python_prg文件夹，使用Visual Studio Code打开该文件夹，即可阅读程序sales_slip2csv.py。[①]

程序各行代码的具体含义，将会在本章后半部分进行讲解，现在仅需关注代码中的要点，理清程序使用什么方法进行了怎样的操作，把握住整体的处理流程就可以了。

代码3-1　sales_slip2csv.py

```
1   import pathlib  # 标准库
2   import openpyxl # 外部库
3   import csv      # 标准库
4
5
6   lwb = openpyxl.Workbook()        #生成销售清单的工作簿lwb
7   lsh = lwb.active                 #获得默认生成的工作表
8   list_row = 1
9   path = pathlib.Path("..\data\sales")   #指定相对路径
10  for pass_obj in path.iterdir():
11  ├──────→ if pass_obj.match("*.xlsx"):
12  ├──────→├──────→ wb = openpyxl.load_workbook(pass_obj)
13  ├──────→├──────→ for sh in wb:
14  ├──────→├──────→├──────→ for dt_row in range(9,19):
15  ├──────→├──────→├──────→├──────→ if sh.cell(dt_row, 2).value != None:
16  ├──────→├──────→├──────→├──────→├──────→ lsh.cell(list_row, 1).value = sh.cell(2, 7).value
17  ├──────→├──────→├──────→├──────→├──────→ lsh.cell(list_row, 2).value = sh.cell(3, 7).value
18  ├──────→├──────→├──────→├──────→├──────→ lsh.cell(list_row, 3).value = sh.cell(4, 3).value
19  ├──────→├──────→├──────→├──────→├──────→ lsh.cell(list_row, 4).value = sh.cell(7, 8).value
20  ├──────→├──────→├──────→├──────→├──────→ lsh.cell(list_row, 5).value = sh.cell(dt_row, 1).value
21  ├──────→├──────→├──────→├──────→├──────→ lsh.cell(list_row, 6).value = sh.cell(dt_row, 2).value
```

第3章　操作Excel工作表

```
22  |——→|——→|——→|——→|——→ lsh.cell(list_row, 7).value =
                              sh.cell(dt_row, 3).value
23  |——→|——→|——→|——→|——→ lsh.cell(list_row, 8).value =
                              sh.cell(dt_row, 4).value
24  |——→|——→|——→|——→|——→ lsh.cell(list_row, 9).value =
                              sh.cell(dt_row, 5).value
25  |——→|——→|——→|——→|——→ lsh.cell(list_row, 10).value =
                              sh.cell(dt_row, 4).value * \
26  |——→|——→|——→|——→|——→ sh.cell(dt_row, 5).value
27  |——→|——→|——→|——→|——→ lsh.cell(list_row, 11).value
                              = sh.cell(dt_row, 7).value
28  |——→|——→|——→|——→|——→ list_row += 1
29
30  with open("..\data\sales\salesList.
    csv","w",encoding="utf_8_sig") as fp:
31  |——→ writer = csv.writer(fp,lineterminator="\n")
32  |——→ for row in lsh.rows:
33  |——→|——→ writer.writerow([col.value for col in
              row])   #列表推导式
```

代码3-1的第一行的import pathlib语句，导入了标准库pathlib。使用
pathlib可以更方便地在程序中进行文件及文件夹路径的相关操作[2]。

当编写的程序会进行文件操作时，请务必尝试使用该库。

路径是指示电脑中特定资源所在位置的字符串。该字符串在程序中，
用于展示存储（硬盘或SSD）中文件或文件夹（目录）的位置。

第2行加载的openpyxl是用于处理Excel文件的库。因为openpyxl是
外部第三方库，所以在使用之前需要事先进行安装[3]。另外，最终需要输出
csv文件，因此在第3行加载了csv的标准库。

---

② 因为Python会将路径作为对象进行处理，所以使用时非常便利。关于对象的说明，请参阅第
  2章“面向对象”（P55）中的详细说明。
③ 安装外部库方法的说明参阅“02本章所需的Python基础”（P78）。

术语讲解

CSV文件

CSV是Comma Separated Value的缩写，意为被逗号（Comma）划分的（Separated）值（Value）。虽然CSV文件的后缀名是csv，但本质上是文本文件，因此可以使用记事本等文本编辑工具或Visual Studio Code打开，当然使用Excel打开也没问题。得益于CSV文件的帮助，Excel、Access以及搭载于服务器上的数据库之间可以进行数据交换。

让我们回到程序中来。

第6行的代码lwb = openpyxl.Workbook()生成了新的工作簿，同时从返回值中获得工作簿对象（也就是此处刚新建的工作簿）。

代码3-2　sales_slip2csv.py**的第6行**

```
lwb = openpyxl.Workbook()
```

此时该工作簿中仅有一个名为Sheet的工作表，代码lsh = lwb.active的作用是将其作为活动工作表获取对象（第7行），而销售发票的清单就记录在当中。这里为了方便起见，把lsh工作表称为销售清单。

第8行输入的list_row代码，则用于存储正在写入的新销售明细是第几行。

代码3-3　sales_slip2csv.py**的第8行**

```
list_row = 1
```

使用变量可将新的数据加入清单的末尾。

第9行的代码pathlib.Path()生成了Path对象。

```
path = pathlib.Path("..\data\sales")
```

这里通过参数指定了\data\sales文件夹，其之前的".."是一种称为相对路径的指定方式，".."表示当前所在文件夹的父路径（也就是示例程序所在位置上一层的文件夹）[④]。

第10行的for循环语句，遍历了path.iterdir()。

代码3-5　sales_slip2csv.py的第10行

```
for pass_obj in path.iterdir():
```

如果指定的路径为文件夹，则会按顺序依次返回文件夹中包含的文件或文件夹名称。接着从第11行开始进入循环，逐个处理其中的内容。

第11行的if语句中使用了pass_obj.match()。

代码3-6　sales_slip2csv.py的第11行

```
      if pass_obj.match("*.xlsx"):
```

第11行代码会查看返回的路径是否为*.xlsx，即判断是否为Excel数据文件。如果是Excel文件，就从第12行开始进行之后的处理；反之则返回第10行，执行循环中下一项文件的处理。

类似*.xlsx这样使用通配符（*），能够指定某种特定的文件名。*.xlsx涵盖所有xlsx为后缀名的文件，以此就可以判断是否为Excel文件。

获取到Excel文件之后就前往第12行的代码，在该行中使用load_workbook()读取工作簿。接着第13行代码for sh in wb会依次从读取到的工作簿中取得工作表，并作为工作表对象分别进行后续的处理。

---

④ "."仅有一个点的时候表示当前路径（现在所在文件夹）。

代码3-7　sales_slip2csv.py的第12、13行代码

```
        wb = openpyxl.load_workbook(pass_obj)
        for sh in wb:
```

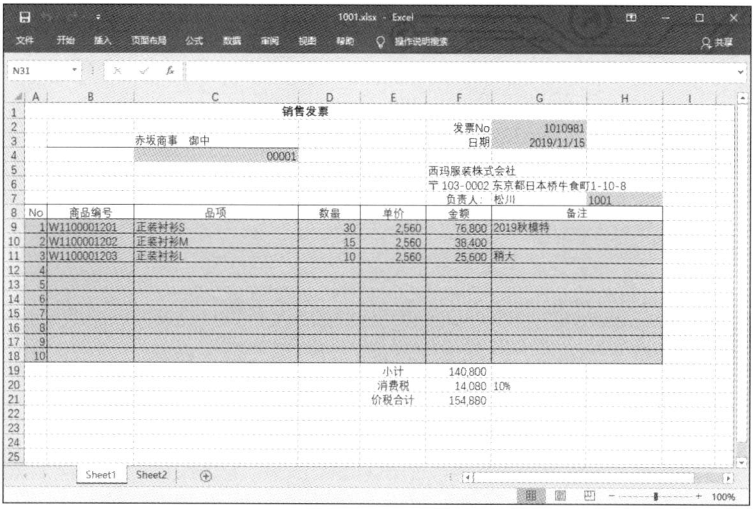

图3-8　Excel中记录的销售发票

在图3-8中，明细部分从第9行开始，最多包含10行的内容，因此，第14行代码中使用for dt_row in range(9,19)循环，对工作表上的第9到第18行进行操作。

代码3-8　sales_slip2csv.py的第14行

```
            for dt_row in range(9,19):
```

变量dt_row表示读取到的数据对象所在的行号。

该行是for循环代码，因此需要指定循环处理的范围，可以看到这里使用的是range(9,19)。在使用range函数指定起始值与终止值的时候，会从起始值开始，但在终止值前1个整数时就结束。如果想在处理完18行之后停止，需要设置终止值为19。

图3-9对构成工作表的对象进行了相关的整理说明。

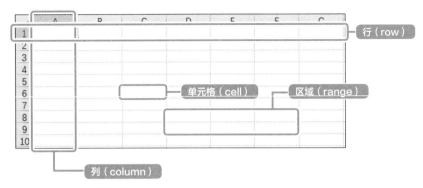

图3-9　**构成工作表的对象**

工作表由行与列构成，最小的单位是一个单元格，连续的多个单元格即可作为range（区域）进行使用。行、列、单元格、区域，均为可操作的对象，在代码第15行以后的处理过程中，将会使用这些对象读取工作表中的数据。

让我们回到之前的代码。第15行代码，用于判断明细部分B列的各行是否为商品编号。

代码3-9　sales_slip2csv.py的第15行

```
├──→├──→├──→├──→ if sh.cell(dt_row, 2).value != None:
```

此行的含义为"查看行对象的第2列（即B列），检查是否有输入数据"，B列是"商品编号"所在的单元格，如果其中没有任何数据，那么就不需要继续读取这一行的内容。这种情况下执行程序第15行时，将会返回None。

需要注意的是"="之前附带的"！"。如果没有这个"！"，第15行的含义就会变为"查看行对象的第2列（即B列），检查是否为不存在数据的情况"。这里想要确认是否存在数据，不能用读取数据用的"="，而是通过"!="进行判断。

在读取数据之后，就可以从销售发票工作表中筛选出实际需要读取的单元格了，如图3-10所示。

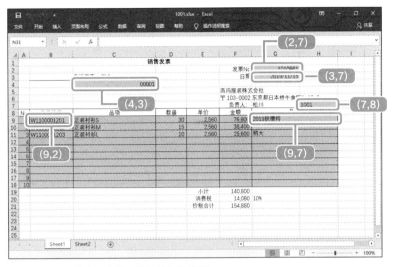

图3-10　从销售发票上获取数据的存储位置

程序第16行到第27行，进行的是数据转存处理。第16行代码左侧部分的内容lsh.cell(list_row,1)，表示的是已获取数据的存储位置，即销售清单的第一行第一列。

代码3-10　sales_slip2csv.py的第16行

```
├──→├──→├──→├──→ lsh.cell(list_row, 1).value =
                 sh.cell(2, 7).value
```

这里用于转存而读取的数据，就是右侧的sh.cell(2,7).value。sh.cell(2,7)是指销售发票工作表的第2行第7列，也就是单元格G2，记录的是发票编号。

这里需要注意的是，单元格引用的描述方式。通常来说Excel中单元格引用类似于A1或G2，是通过列与行的组合来进行指定。但是在Python中则是按照行号、列号的顺序来定位单元格，并且列号不是英文字母而是数字，因此，在指定单元格G2时，会写作sh.cell(2,7)。作为贯穿本书的通用规则，这可能会导致在一开始时，对单元格引用的描述方式感到不适应，但是很快就能够在阅读时自动转换Excel与Python的单元格引用方式。

接着是第17行以及之后的部分，是按照日期（sh.cell(3, 7).value）、客户编号（sh.cell(4, 3).value）、负责人编号（sh.cell(7, 8).value）的顺序依次进行转存。

代码3-11　sales_slip2csv.py的第17~19行

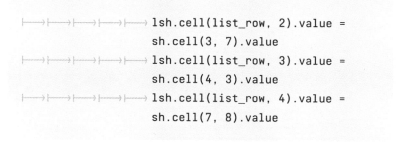

```
              lsh.cell(list_row, 2).value =
              sh.cell(3, 7).value
              lsh.cell(list_row, 3).value =
              sh.cell(4, 3).value
              lsh.cell(list_row, 4).value =
              sh.cell(7, 8).value
```

销售发票上虽然记录了客户名称以及负责人姓名，但是按照设定来说，这些信息都已经录入Web销售管理系统中，因此不需要进行转存。

接着是转录dt_row所示的明细行部分。

代码3-12　sales_slip2csv.py的第20~24行

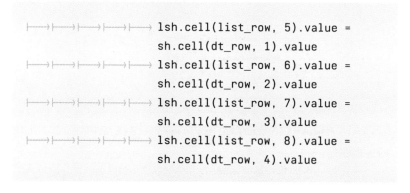

```
              lsh.cell(list_row, 5).value =
              sh.cell(dt_row, 1).value
              lsh.cell(list_row, 6).value =
              sh.cell(dt_row, 2).value
              lsh.cell(list_row, 7).value =
              sh.cell(dt_row, 3).value
              lsh.cell(list_row, 8).value =
              sh.cell(dt_row, 4).value
```

```
├──→├──→├──→├──→ lsh.cell(list_row, 9).value =
                 sh.cell(dt_row, 5).value
```

第20行右侧的sh.cell(dt_row, 1).value表示的是编号（明细顺序的编号）。接着移动到右边一列，读取并转存B列的商品编号（sh.cell(dt_row, 2).value）。之后依次向右移动，分别读取并转存品项（sh.cell(dt_row, 3).value）、数量（sh.cell(dt_row, 4).value）以及单价（sh.cell(dt_row, 5).value）。

下面一行需要特别注意，该行会转存销售发票工作表中明细的金额，而单元格内容则是使用数量×单价的公式自动计算得出。如果还是按照之前的方式直接读取单元格，获得的内容则是计算公式而已，因此这里需要将D列的数量与E列的单价相乘，通过在程序中的代码sh.cell(dt_row, 4).value * sh.cell(dt_row, 5).value计算金额。

代码3-13　sales_slip2csv.py的第25、26行

```
├──→├──→├──→├──→ lsh.cell(list_row, 10).value =
                 sh.cell(dt_row, 4).value * \
├──→├──→├──→├──→ sh.cell(dt_row, 5).value
```

第25行行末的"\"（反斜杠）是Python的行拼接符，表示并未进行换行，之后的内容为当前行的后续。

最后一项内容是附注（sh.cell(dt_row, 7).value），完成转存之后，将指示销售清单工作表写入行的变量list_row加1。

代码3-14　sales_slip2csv.py的第27、28行

```
├──→├──→├──→├──→ lsh.cell(list_row, 11).value =
                 sh.cell(dt_row, 7).value
├──→├──→├──→├──→ list_row += 1
```

第14~28行的操作，会在第13行for sh in wb:的控制之下，循环处理工作簿中的各工作表，然后在第10行for pass_obj in path.iterdir():的循环中，遍历data\sales文件夹中的所有工作簿，最终可以将所有负责人的销售发票数据制作成销售清单。

销售清单制作完成后，就可以开始CSV输出的处理。先需要执行open（打开）命令输出用的文件，打开时添加with语句，就可以在使用完成之后自动执行close（关闭）命令。

代码3-15　sales_slip2csv.py的第30行

```
with open("..\data\sales\salesList.
csv","w",encoding="utf_8_sig") as fp:
```

使用的参数有输出文件名及模式，并且指定了编码（encoding）。模式w表示写入。为了不出现乱码，编码方式选择utf_8_sig，即附带有BOM的UTF-8格式。BOM全名为字节顺序标记（byte order mark），是出现在Unicode编码文本开头的字符数据，Excel能够借此判断该Unicode编码方式是UTF-8、UTF-16抑或是UTF-32。

在打开CSV文件时，通过末尾的代码as fp获取fp（文件指针），提供给csv.writer进行写入操作，同时通过lineterminator="\n"设置换行符。

循环for row in lsh.rows:获取销售清单列表中的各行之后，使用writer.writerow()写入数据。

代码3-16　sales_slip2csv.py的第31~33行（最后一行）

```
⊢──→ writer = csv.writer(fp,lineterminator="\n")
⊢──→ for row in lsh.rows:
⊢──⊢──⊢──→ writer.writerow([col.value for col in
            row]) #列表推导式
```

代码[col.value for col in row]名为列表推导式，会从row（行）中取出col（column=列），并将col.value依次存放在由"["和"]"所示意

的列表中，接着writer.writerow()会把包含有销售清单中一行数据的列表写入CSV。此处所说的列表是Python中非常重要的数据结构，以后会对其进行详细说明。

小提示

根据业务需求进行程序调整

sales_slip2csv.py是针对设计出来的虚拟环境所编写的程序，可能读者并不能直接将其用于平时所接触的Excel数据上。此时只需修改一下所读取的单元格，无论是什么发票文件应该都能够发挥作用。

从销售发票中读取信息的代码是第16行至第27行。

其中第16行至第19行的前半部分，除去商品信息以外，会读取发票编号、日期、客户编号、负责人编号等固定单元格的数据。如果有不需要的项目，删除对应的代码行即可，或是有想要添加的内容，参考已有代码也能够简单编写出来。

在新增需要读取的单元格时，需要替换的部分基本上只有左侧与右侧cell()中的参数，其中右侧替换的单元格引用，出自数据来源销售发票工作表。

而左侧需要替换的参数，则是销售清单工作表中的单元格引用，因此行（list_row）的部分不需要改变，只需要设置数据写到哪一列中即可。

定制明细部分的内容需要修改第20行到第27行。与之前使用的方法相同，左侧参数的行号部分不需要修改，会由程序自动生成，所以只需要指定单元格的列号就好。

调整过读取单元格的部分，最后从上至下依次查看第16行到第27行的左侧部分，确认清单写入的单元格引用。要点有3项，分别为：是否是按照顺序排列的、写入的单元格引用有没有重复以及不要遗漏列号出现空白。最后再次强调，行号list_row不需要修改，调整左侧的参数时，只调整参数中的列号，行号请保持原样。

02 | 本章所需的Python基础

接下来将对代码3-1中所使用的基本技术进行说明，这些内容都是在读者自行编写程序时会用到的。

外部库的安装

在第2章中已经介绍绍过，Python所使用的库有标准库及第三方外部库两种。标准库会随着Python一起安装，不需要进行额外操作。

库究竟是什么呢？接下来将会对其进行详细说明。首先库分为模块提供的部分，以及作为包提供的部分，如图3-11所示。

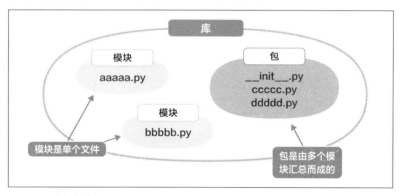

图3-11　**库的组成**

模块是一个后缀名为".py"的Python文件，单个模块就能够提供某种功能。

为了能够方便地加载多种功能，将多个模块组合到一起就形成了包，而整合成包的文件夹中，会含有名为"__init__.py"的文件。

标准库中的模块和包位于Python安装路径下的Lib文件夹中，如图3-12所示。

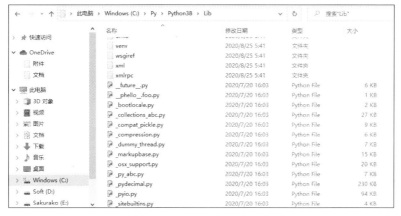

图3-12 模块和包在Lib文件夹中

Lib文件夹中".py"文件就是模块，而包则是包含在文件夹中。这里可以打开json包（json文件夹）进行查看，如图3-13所示。

图3-13 包的文件夹中包含"__init__.py"模块

可以看到其中包含"__init__.py"和若干其他模块。像这样将多个模块整合到一起使用的形式就是包。

与一开始就安装好的标准库不同，在使用外部库前需要先进行安装。

在多种安装方式中，这里介绍在Visual Studio Code终端中使用pip指令安装外部库的方法。因为本书几乎在所有地方都使用openpyxl，刚好可以在此进行安装。

先在"终端"中输入pip install openpyxl，然后按Enter键，如图3-14所示。

图3-14　使用pip指令安装openpyxl

如果"终端"没有显示提示符（＞），则选择"终端"（窗口下部并排的"输出""调试控制台""终端"菜单中单击选择"终端"标签），然后按Enter键，就可以显示提示符。

如果是按照第1章介绍的步骤安装好Python，pip指令也能经由path（意思是已经录入至path中），无视当前路径随时执行。

执行pip指令之后，显示Successfully installed openpyxl-3.8.5之后，就表示成功完成了安装，如图3-15所示（译注：不同的版本号可能会有所不同）。

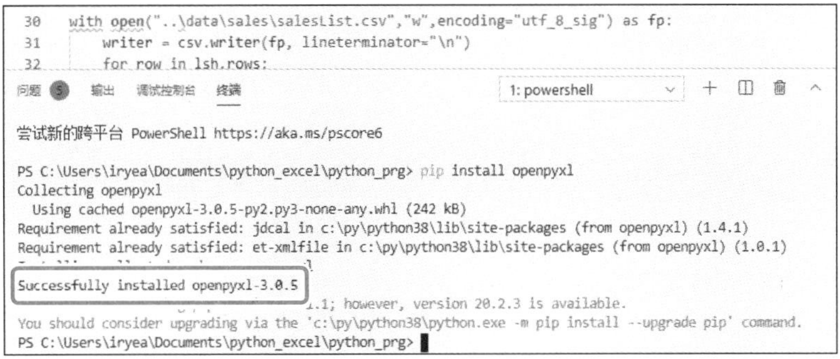

```
30      with open("..\data\sales\salesList.csv","w",encoding="utf_8_sig") as fp:
31          writer = csv.writer(fp, lineterminator="\n")
32          for row in lsh.rows:
```

问题 ⑤ 输出 调试控制台 终端   1: powershell   ∨ + □ 🗑 ∧

尝试新的跨平台 PowerShell https://aka.ms/pscore6

PS C:\Users\iryea\Documents\python_excel\python_prg> pip install openpyxl
Collecting openpyxl
  Using cached openpyxl-3.0.5-py2.py3-none-any.whl (242 kB)
Requirement already satisfied: jdcal in c:\py\python38\lib\site-packages (from openpyxl) (1.4.1)
Requirement already satisfied: et-xmlfile in c:\py\python38\lib\site-packages (from openpyxl) (1.0.1)
Successfully installed openpyxl-3.0.5
                              1; however, version 20.2.3 is available.
You should consider upgrading via the 'c:\py\python38\python.exe -m pip install --upgrade pip' command.
PS C:\Users\iryea\Documents\python_excel\python_prg> ▮

图3-15　完成openpyxl安装时的"终端"显示

下半部分中以黄色字体显示的信息，是在提示包管理工具pip最好进行
版本升级。如果出现了此类提示信息，应当依照提示在"终端"中输入以
下指令升级pip的版本。

```
python -m pip install --upgrade pip
```

连字符（-）的数量也是有意义的，一个与两个都各自拥有不同的含
义，需要注意不要出现输入错误。

另外，想要删除已安装的包时，可以输入以下指令进行删除。

```
pip uninstall openpyxl
```

条件分支语句if

编程语言中，根据条件是否满足而分别执行不同的操作称为条件分
支，而在大多数的编程语言中使用的都是if语句，Python也不例外。接下
来一起来看看Python中if语句的使用方法吧。

最简单的条件分支if语句，就是在条件满足时（真 =True）执行操作。

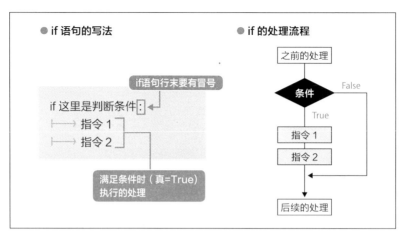

图3-16 满足条件时执行操作，不满足则跳过去执行后续的处理

条件表达式的结尾必须带有冒号，而紧接在冒号之后带有缩进的部分就是代码块，当条件表达式为真时，就会执行该代码块，如图3-16所示。

例如程序sales_slip2csv.py中第11行的代码if pass_obj.match("*.xlsx"):，或第15行的代码if sh.cell(dt_row, 2).value != None:。在代码if pass_obj.match("*.xlsx"):中，路径对象符合*.xlsx时，才继续执行带有缩进的处理（第12行至第28行）。

第15行代码if sh.cell(dt_row, 2).value != None:中dt_row指代的行里面，如果第2列（商品编号）的值不为None（没有输入任何内容）时，才会执行带有缩进的代码，将销售发票中的内容转存到销售清单工作表中。

在本章的示例程序中，只有满足条件时才会进行处理，不满足条件时什么都不做。当在条件满足与不满足时需要分别执行不同的处理，比如，解谜正确时显示〇，错误时则显示×时，就需要使用if: else:语句，如图3-17所示。

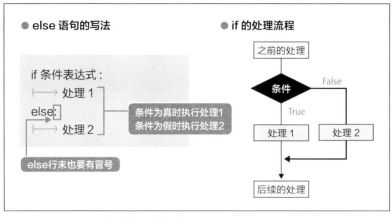

图3-17 条件不满足时执行的处理由else描述

举个例子，代码3-17是输出good!和no good!字符串的程序。

代码3-17 判断分数是否在80以上的程序

```
score = 82
if score >= 80:
    print("good!")
else:
    print("no good!")
```

打开Visual Studio Code并输入上述代码，文件名随意命名，如图3-18所示。

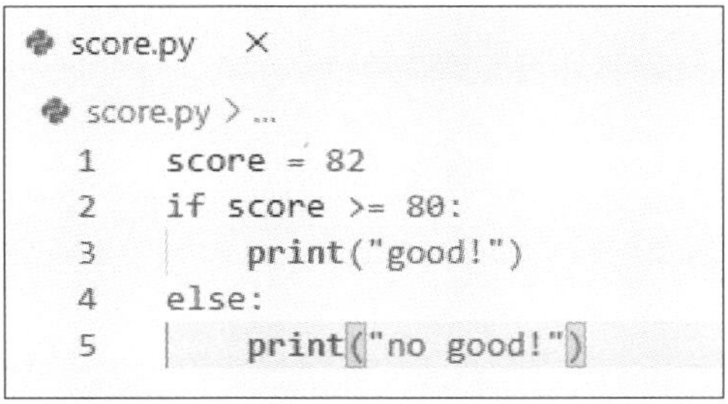

```
score.py  ×
score.py > ...
  1    score = 82
  2    if score >= 80:
  3        print("good!")
  4    else:
  5        print("no good!")
```

图3-18 在Visual Studio Code中键入代码

键入代码时如果内容没有出错，在if语句末尾的冒号之后进行换行时，下一行会自动生成缩进，在输入括号或双引号左半部分之后，则会自动补齐另一半。这项辅助功能可以有效减少编码时的输入失误。

代码输入完成之后，执行"运行"菜单中的"以非调试模式运行"命令时，正常情况下应该会在调试控制台中显示good!。我们可以尝试把第1行中赋值给score的内容替换成各种数值之后再运行程序查看结果。

虽然这个程序非常简短，但无论是条件满足时的处理（紧接在if语句之后的代码块），还是条件不满足时的处理（else部分的代码块），都可以由多行代码构成，如图3-19所示。

如果需要使用更多条件表达式，则可以使用if: elif: else:语句。当if语句中的条件未达成时，就会根据elif语句的新条件再次进行判断，直到最后所有的条件全都不满足时，才会执行else中的处理流程。

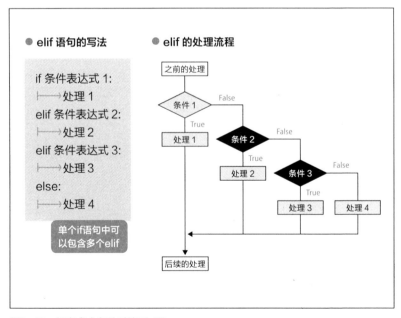

图3-19　**拥有多个条件时使用elif**

代码3-18 **根据分数输出排名的程序**

```
1.   score = 94
2.   if score >= 90:
3.   ┝──→print("S")
4.   elif score >= 80:
5.   ┝──→print("A")
6.   elif score >= 70 :
7.   ┝──→print("B")
8.   elif score >= 60 :
9.   ┝──→print("C")
10.  else:
11.  ┝──→print("D")
```

在代码3-18的程序中，elif语句可以多个并用。直接执行此程序可以
得到结果S。另外，与代码3-17的情况相同，修改第1行中score的数值，
就可以顺着各个elif语句逐一进行确认。

反复执行相同处理时使用for语句

下面我们看一下代码3-19的程序。

代码3-19 **本章的示例程序（与代码3-1相同）**

```
1.   import pathlib   # 标准库
2.   import openpyxl  # 外部库
3.   import csv        # 标准库
4.
5.
6.   lwb = openpyxl.Workbook()       # 生成销售清单的工作簿lwb
7.   lsh = lwb.active                 # 获得默认生成的工作表
8.   list_row = 1
9.   path = pathlib.Path("..\data\sales")  #指定相对路径
```

```python
10.  for pass_obj in path.iterdir():
11.  ├──→if pass_obj.match("*.xlsx"):
12.  ├──→├──→wb = openpyxl.load_workbook(pass_obj)
13.  ├──→├──→for sh in wb:
14.  ├──→├──→├──→for dt_row in range(9,19):
15.  ├──→├──→├──→├──→ if sh.cell(dt_row, 2).value !=
                      None:
16.  ├──→├──→├──→├──→├──→ lsh.cell(list_row, 1).value =
                          sh.cell(2, 7).value
17.  ├──→├──→├──→├──→├──→ lsh.cell(list_row, 2).value =
                          sh.cell(3, 7).value
18.  ├──→├──→├──→├──→├──→ lsh.cell(list_row, 3).value =
                          sh.cell(4, 3).value
19.  ├──→├──→├──→├──→├──→ lsh.cell(list_row, 4).value =
                          sh.cell(7, 8).value
20.  ├──→├──→├──→├──→├──→ lsh.cell(list_row, 5).value =
                          sh.cell(dt_row, 1).value
21.  ├──→├──→├──→├──→├──→ lsh.cell(list_row, 6).value =
                          sh.cell(dt_row, 2).value
22.  ├──→├──→├──→├──→├──→ lsh.cell(list_row, 7).value =
                          sh.cell(dt_row, 3).value
23.  ├──→├──→├──→├──→├──→ lsh.cell(list_row, 8).value =
                          sh.cell(dt_row, 4).value
24.  ├──→├──→├──→├──→├──→ lsh.cell(list_row, 9).value =
                          sh.cell(dt_row, 5).value
25.  ├──→├──→├──→├──→├──→ lsh.cell(list_row, 10).value =
                          sh.cell(dt_row, 4).value * \
26.  ├──→├──→├──→├──→├──→ sh.cell(dt_row, 5).value
27.  ├──→├──→├──→├──→├──→ lsh.cell(list_row, 11).value
                          = sh.cell(dt_row, 7).value
28.  ├──→├──→├──→├──→├──→ list_row += 1
29.
30.  with open("..\data\sales\salesList.
```

```
       csv","w",encoding="utf_8_sig") as fp:
31.    └───→ writer = csv.writer(fp,lineterminator="\n")
32.    └───→ for row in lsh.rows:
33.    └───→└───→ writer.writerow([col.value for col in
              row]) #列表推导式
```

在第10行、第13行以及第14行中都出现了for~in语句，这是在反复执行必要的相同处理时所使用的语句，如图3-20所示。从整体的代码来看，反复执行的部分才是处理流程中的重点，但无论如何，语句的基本结构是不变的。

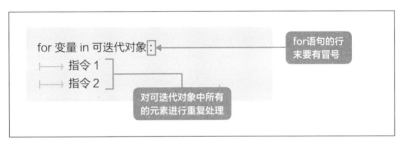

图3-20　使用for in语句控制循环

所谓可迭代对象，是指按照顺序遍历多个元素并且一次仅返回一个元素的对象。

比如，第10行代码for pass_obj in path.iterdir():中的path.iterdir()，当参数path指向的是文件夹时，该迭代器会将其中包含的文件及文件夹作为元素，按照顺序逐个返回。因此，多个Excel文件也可以按照顺序处理，不会出现重复的情况。

第13行代码for sh in wb:，是从wb（工作簿）中逐个取出sh（工作表），所以包含在工作簿中的工作表能够一个不漏地全部得到处理。

而第14行代码for dt_row in range(9,19):中，则是组合使用了for语句和range函数，如图3-21所示。

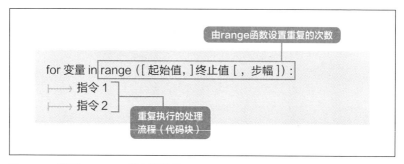

图3-21　使用for-range语句的循环

第14行代码中的for语句用于处理销售发票的明细部分，所以代码块中包含很多内容。为了能够更好地确认for-range语句的情况，这里使用一个更为简单的程序作为示例。

代码3-20　使用for-range语句的程序

```
for i in range(5):
    print("循环：{}".format(i))
```

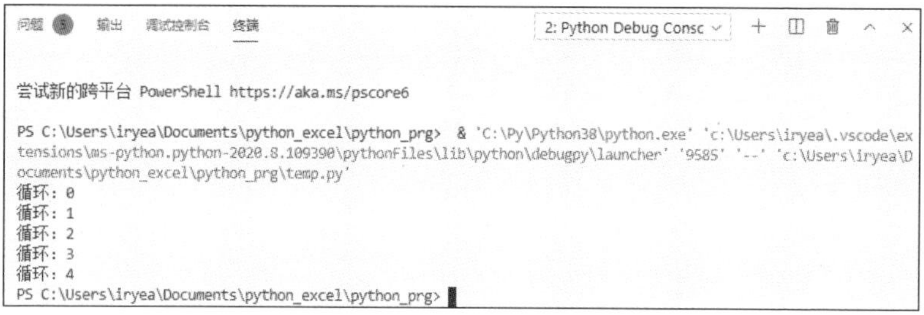

图3-22　从0到4重复了5次

在图3-22中，如果只提供了1个参数给for语句中的range函数，将会把0作为起始值，然后重复执行参数所示的次数。之前的示例程序中传入了5，因此会有0、1、2、3、4，共5次由print函数输出的结果出现。另外示例程序中还使用了字符串的format方法，将{}替换为变量i的值。

下面来看看传入两个参数时的示例程序吧。

代码3-21 向range中传入两个参数的程序

```
for i in range(1, 5):
    print("循环：{}".format(i))
```

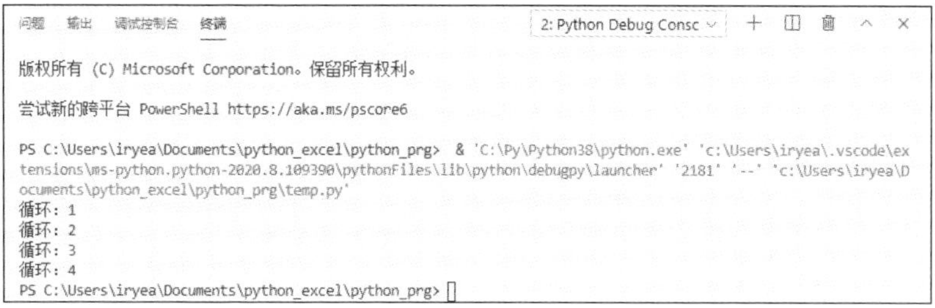

图3-23 从1到4重复了4次

在图3-23中，传入两个参数时，会从起始值开始重复到终止值前一个整数终止。可以看到示例程序中就是循环了4次，由print()函数输出了1、2、3、4。

让我们回到本章的示例程序上来吧，再一次确认销售发票中需要转存的范围，如图3-24所示。

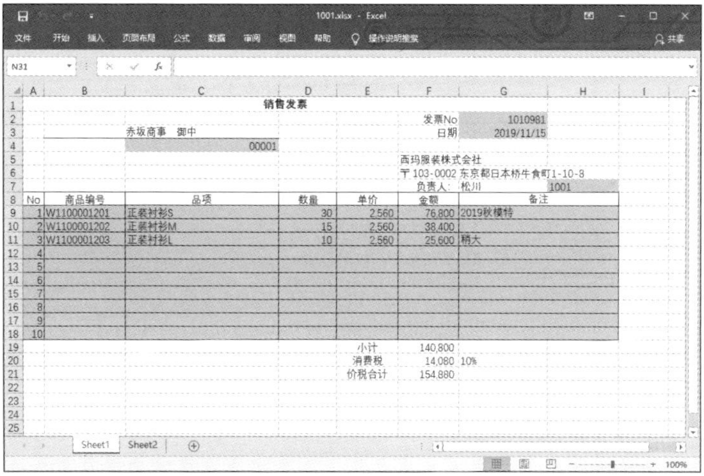

图3-24 销售发票数据及转存范围

程序第14行代码是for dt_row in range(9,19):，从range的参数中可见，处理的范围是销售发票工作表第9行至第18行。

dt_row会按照顺序获得9、10、…、17、18的数值，而cell（单元格）的行列则是以下述代码方式进行设置。

```
lsh.cell(list_row, 1).value = sh.cell(2, 7).value
```

另外还有更便于理解的格式，具体如下。

```
lsh.cell(row=list_row, column=1).value =
sh.cell(row=2, column=7).value
```

这种方式可以明确地看到row与column所设置的值。

读取Excel文件中的数据

本章的示例程序中，通过指定行、列获取了工作表中的单元格。首先从作为可迭代对象的工作表中取得行，接着以同样的方式从行中得到单元格。并且像这样活用可迭代对象，甚至可以在没有直接指定行号与列号的情况下读取单元格。

那么作为操作对象，先将名为sample.xlsx的Excel文件放入data文件夹中，并顺便确认一下其中的内容[5]，如图3-25所示。

▲	A	B	C	D	E	F	G
1	1	A	字符串1	100	2,100	100,000	
2	2	B	字符串2	110	2,100	110,000	
3	3	C	字符串3	120	2,100	120,000	
4	4	D	字符串	130	2,100	130,000	
5	5	E	字符串	140	2,100	140,000	
6							
7							

图3-25　**sample.xlsx的内容**

[5] sample.xlsx已包含在示例文件中。

可以看到工作表中的数据，从A1到F5排列得非常整齐。

执行代码3-22的程序之后，将会读取sample.xlsx从workbook的sheet中获取row（行），接着从row里获取cell（单元格），并按照顺序输出其中的内容。

代码3-22　**从目标工作表中自动获取数据范围的程序**

```
import openpyxl


wb = openpyxl.load_workbook("..\data\sample.xlsx")
for sheet in wb:
├───→ for row in sheet:
├───→├───→ for cell in row:
├───→├───→├───→ print(cell.value)
```

将代码输入到Visual Studio Code之中，重命名后将程序保存在sales_slip2csv.py所在的python_prg文件夹中。完成之后执行"运行"菜单下的"以非调试模式运行"命令来执行程序，可以在窗口下部的"终端"中确认运行结果，如图3-26所示。

图3-26　**按照行列顺序输出的内容**

可以看到，工作表中各行所含单元格的内容，均依照列的顺序逐行显示出来。如果数据像这样在一个区域（Range）中规则地排列好时，可以通过for row in sheet:获取数据范围内的各行进行操作，接着利用for cell in row:按照顺序访问各行中的单元格。在读取各种不同的文件时，就不需要每次都去程序中修改"从哪里开始到哪里结束"的代码，非常方便。

但是，如果数据并非完整地排列成一整块，范围内包含无数据的单元格时又会如何呢？列与行的结束又会如何进行判断呢？就让我们稍微研究一下吧。

先需要改造一下数据，在什么都不输入直接跳过G列的情况下添加一项数值到H列。同样，跳过第6行不输入直接在第7行A列输入数值，如图3-27所示。

图3-27　行列均空一行之后再添加数据

将此工作表作为处理对象，执行代码3-22并确认一下运行结果。

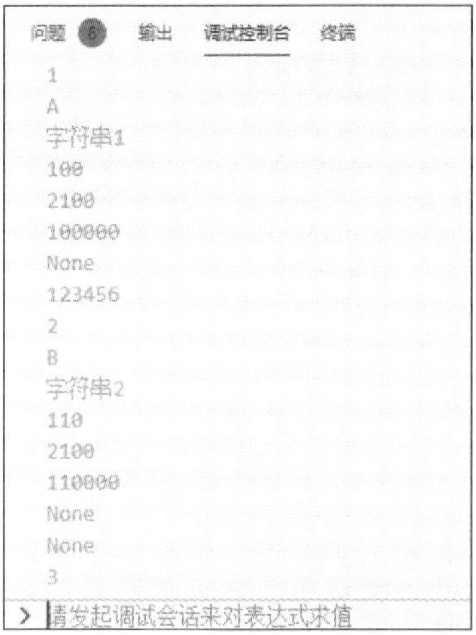

图3-28　读取包含空白数据的单元格区域的输出结果
　　　　（仅显示第1行到第3行开头的单元格）

使用"调试控制台"查看结果，可以发现从第1行A列的内容开始，到F列输出的100000为止都与之前相同，但下1列就是什么也没输入的空白单元格，因此显示的输出是None，这正是没有数据时会获得的结果。接着是H列的123456，然后进入第2行。

第2行则从A列开始依次输出2、B等内容，并且在110000之后多了两个None，由此可以推测，单元格的读取范围与前一行输入数据的范围相同，如图3-28所示。

接着确认最后一行附近的输出结果。F5单元格（第5行第6列）的140000之后，连续显示了10个None，然后在输出一个7之后，刚好输出了与剩下列数量相同的None，如图3-29所示。

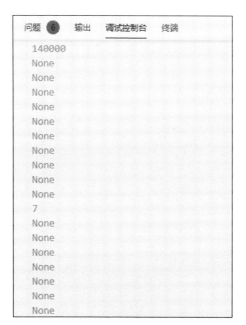

图3-29 **读取包含空白数据之后输出的结果**
（从第5行结尾到第7行结束）

通过这个例子，可以确认for row in sheet:和for cell in row:所读取的区域（Range），是列方向与行方向上包含数据的最大范围，在本例中也就是A1到H7的单元格区域。

Excel工作表中"写入"数据的 Python代码

至今为止进行的处理基本是从工作表中读取数据，即将数据保存为Excel文件。下面将介绍向Excel文件中写入数据的方法。

首先，sales_slip2csv.py中的代码如下。

```
with open("..\data\sales\salesList.
csv","w",encoding="utf_8_sig") as fp:
```

将该行及以下的代码改为注释使其失效，如图3-30所示。

图3-30　注释掉输出CSV的代码使其无效

作为代替，加入workbook的save方法，代码如下。

```
lwb.save("..\data\sales\salesList.xlsx")
```

然后对代码进行保存[6]。

执行代码之后，将会生成销售发票清单的xlsx文件[7]。

---

[6] 另外，此处添加的内容并不会影响之后的解说内容，特此说明。

[7] 重复执行修改后的sales_slip2csv.py时，再次运行之前需要先删除上次生成的文档 salesList.xlsx。如果未删除就执行sales_slip2csv.py，之前生成的结果也会和销售发票一样作为数据来源被读取。

数据的形式之列表（list）

示例程序中进行CSV处理的部分中，关于列表（list）的内容还没有介绍。在第33行代码中使用writer.writerow方法将数据逐行写入CSV文件时，其中的参数如下。

```
[col.value for col in row]
```

这是名为列表推导式的技巧。

列表与其他编程语言中的数组有些类似。列表将0个或更多的元素排成行，用方括号（[]，也叫中括号）将全部内容括在其中。

简单举个例子，为了处理某次测试的成绩，需要列举出参加人员的分数，5人的得分分别是90分、92分、76分、86分以及67分。以列表的形式把这些数据赋值给变量result，其代码如下。

```
result = [90,92,76,86,67]
```

像这样各项内容用逗号进行划分的数据，非常适合输出为CSV。

> **小提示**
>
> # 与列表相似的元组
>
> Python中还有一种与列表非常相似的数据结构，名为元组（tuple）。元组的样式类似result = (90,92,76,86,67)，使用圆括号（()）括住数据。列表与元组的区别在于是否为可变对象，其中可变对象是指在生成之后可以进行变更的对象。列表属于可变对象，所以可以在创建之后进行变更，无论是删除其中的内容，或是向其中添加新内容都没有问题。元组则属于不可变对象，其中的内容无法进行变动。两种数据类型均可以使用索引访问，并且都可以同时含有不同类型的元素。

接下来进行列表推导式的说明，列表推导式的使用格式如下。

```
[表达式 for 变量名 in 可迭代对象]
```

根据上述语法，可迭代对象中的元素可以通过变量名进行调用，代入表达式之后，获得的结果就作为元素生成列表。可迭代对象与前文所说的相同，是能够遍历多个元素并且按顺序逐个进行返回的对象。列表及元组都可以按照顺序取出其中的内容，因此也被称为序列。顺带一提，Python中字符串也是一种序列类型。将第33行的代码结合语法进行对照，表达式是col.value，可迭代对象为col in row，换句话说也可以将其理解为"从row（行）中取出col（列），用各个col.value的值作为元素构成列表"。

```
[col.value for col in row]
```

如果想查看列表中具体有什么数据，就在sales_slip2csv.py第34行之后添加一行print()函数，一行行查看列表中的内容吧，如图3-31所示。

●代码

```
with open("..\data\sales\salesList.csv","w",encoding="utf_8_sig") as fp:
    writer = csv.writer(fp, lineterminator="\n")
    for row in lsh.rows:
        writer.writerow([col.value for col in row]) #列表推导式
        print([col.value for col in row])
```

新增的代码行

●输出结果

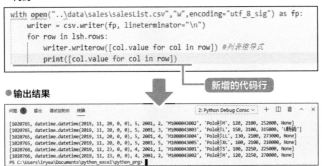

图3-31　确认[col.value for col in row]生成的数据

正因为使用writer.writerow()输出此列表（第33行），才能够仅用1行代码就写入CSV。

以CSV格式输出

先来查看由sales_slip2csv.py生成的CSV文件，如图3-32所示。

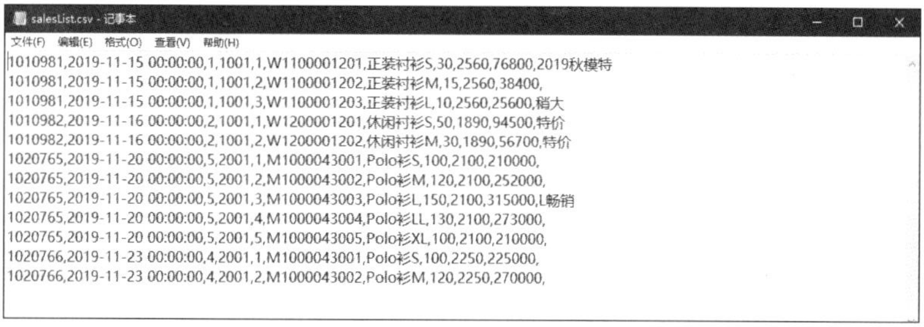
salesList.csv - 记事本

文件(F) 编辑(E) 格式(O) 查看(V) 帮助(H)

```
1010981,2019-11-15 00:00:00,1,1001,1,W1100001201,正装衬衫S,30,2560,76800,2019秋模特
1010981,2019-11-15 00:00:00,1,1001,2,W1100001202,正装衬衫M,15,2560,38400,
1010981,2019-11-15 00:00:00,1,1001,3,W1100001203,正装衬衫L,10,2560,25600,稍大
1010982,2019-11-16 00:00:00,2,1001,1,W1200001201,休闲衬衫S,50,1890,94500,特价
1010982,2019-11-16 00:00:00,2,1001,2,W1200001202,休闲衬衫M,30,1890,56700,特价
1020765,2019-11-20 00:00:00,5,2001,1,M1000043001,Polo衫S,100,2100,210000,
1020765,2019-11-20 00:00:00,5,2001,2,M1000043002,Polo衫M,120,2100,252000,
1020765,2019-11-20 00:00:00,5,2001,3,M1000043003,Polo衫L,150,2100,315000,L畅销
1020765,2019-11-20 00:00:00,5,2001,4,M1000043004,Polo衫LL,130,2100,273000,
1020765,2019-11-20 00:00:00,5,2001,5,M1000043005,Polo衫XL,100,2100,210000,
1020766,2019-11-23 00:00:00,4,2001,1,M1000043001,Polo衫S,100,2250,225000,
1020766,2019-11-23 00:00:00,4,2001,2,M1000043002,Polo衫M,120,2250,270000,
```

图3-32 **本章示例程序生成的CSV文件**

选择CSV文件作为输出格式，是为了能够在任何软件中（本章中是虚拟的Web销售管理系统）读取数据，因此就需要考虑配合读取数据所使用的软件。

比如引号的处理，从图3-32可以看出输出中并没有引号。但是根据使用的软件不同，需要的格式也会有所区别，比如数值以外的项目都要有引号，甚至全部数据都要求有引号等。

在配合“数值以外的项目要附加引号”的系统时，可以在csv.writer生成CSV文件时，添加以下引号相关的参数。

```
writer = csv.writer(fp, quoting=csv.QUOTE_NONNUMERIC,
lineterminator="\n")
```

QUOTE_NONNUMERIC即“数值以外附加引号”，此时会获得图3-33的输出结果。

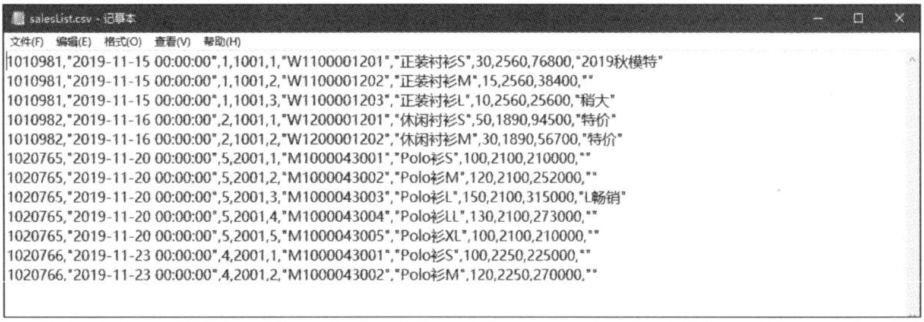

图3-33　指定quoting=csv.QUOTE_NONNUMERIC时的CSV输出结果

遇到要给所有项目都附加引号的情况，可以指定quoting=csv.QUOTE_ALL，此时所有的数据均会在引号内。若完全不需要带引号时，就指定quoting=csv.QUOTE_NONE。若省略这项参数，则会使用默认值QUOTE_MINIMAL，表示只有那些会给parser[8]造成混乱的特殊文字才会添加引号。

Excel文件已存在服务器或NAS上时

本章的示例程序，是以程序与销售发票Excel文件都位于自己计算机上的情况为前提。但是在实际的工作情景中，很多时候文件是存在文件服务器或NAS[9]等网络环境上。这时候，网络上的服务器或文件夹作为网络驱动器，可以通过分配盘符（字母）来应对，另外已经分配了盘符的环境也很常见。对于代码来说，则需要使用包含盘符的绝对路径（完整路径）来指定文件夹。

例如，销售发票的Excel文件位于z盘的\data\sales文件夹中，这时候就需要把第9行代码中pathlib.Path()的参数替换成以下内容。

```
path = pathlib.Path("z:\data\sales")
```

---

[8] 语法分析器（parser）是语法分析软件的总称，通常指数据处理软件中的功能。

[9] NAS（Network Attached Storage，网络附加存储）是需要连接网络使用的辅助存储设备，可以将其视为专门用于文件服务的服务器。

同样在该文件夹（z盘的\data\sales文件夹）中写入CSV文件时，第30行open()函数的参数也需要做出以下调整。

```
with open("z:\data\sales\salesList.
csv","w",encoding="utf_8_sig") as fp:
```

当程序被放置到一个跟销售发票完全不同的位置时，就需要使用该方法。

关于sales_slip2csv.py的说明至此已经全部结束了。那么，接下来就实际运行一下已经键入Visual Studio Code的程序吧。执行时可以选择"运行"菜单中的"以非调试模式开始"命令。

执行时出现"权限异常"

哎呀？麻美正在向千岳打招呼，看起来像是遇到了什么麻烦事……

■ ■

麻美 "千岳啊！程序好像出现了错误！"

千岳 "啊！我现在就过去，麻美留着窗口别关。"

看了麻美计算机屏幕的千岳，似乎明白了问题出在哪里。

千岳 "啊，是PermissionError: [Errno 13]，出现这个错误是因为Excel销售发票文件没关闭。不是说了在执行程序之前要关闭所有文件吗？"

麻美 "不是我开的！而且就算你这么说，也没办法知道有谁打开了什么文件啊！"

千岳　"这么说也是，销售文件都是存在服务器上的。我刚好学习了如何处理这种异常，容我稍微想一想。"

■ ■

　　程序在执行过程中，可能会出现异常情况，这时候程序会直接在异常发生的位置终止，也就是说出现了错误。本章的示例程序sales_slip2csv.py第12行代码中的openpyxl.load_workbook(pass_obj)在读取Excel文件时，如果目标文件被打开了，就会出现PermissionError: [Errno 13] Permission Denied的异常，这样会导致程序在此终结，所以需要增加异常处理的代码。Python提供了捕捉异常的功能，让我们在sales_slip2csv.py中添加此功能吧。

代码3-23　**带有异常处理的**sales_slip2csv_er.py

```
1    import pathlib
2    import openpyxl
3    import csv
4
5    try:
6    ├──── lwb = openpyxl.Workbook()
7    ├──── lsh = lwb.active
8    ├──── list_row = 1
9    ├──── path = pathlib.Path("z:\data\sales")
10   ├──── for pass_obj in path.iterdir():
11   ├────├──── if pass_obj.match("*.xlsx"):
12   ├────├────├──── wb = openpyxl.load_workbook(pass_obj)
13   ├────├────├──── for sh in wb:
```

```
14  ├──→├──→├──→├──→ for dt_row in range(9,19):
15  ├──→├──→├──→├──→├──→  if sh.cell(dt_row, 2).value
                          != None:
16  ├──→├──→├──→├──→├──→├──→ lsh.cell(list_row,
                            1).value = sh.cell(2,
                            7).value
17  ├──→├──→├──→├──→├──→├──→ lsh.cell(list_row,
                            2).value = sh.cell(3,
                            7).value
18  ├──→├──→├──→├──→├──→├──→ lsh.cell(list_row,
                            3).value = sh.cell(4,
                            3).value
19  ├──→├──→├──→├──→├──→├──→ lsh.cell(list_row,
                            4).value = sh.cell(7,
                            8).value
20  ├──→├──→├──→├──→├──→├──→ lsh.cell(list_row,
                            5).value = sh.cell(dt_
                            row, 1).value
21  ├──→├──→├──→├──→├──→├──→ lsh.cell(list_row,
                            6).value = sh.cell(dt_
                            row, 2).value
22  ├──→├──→├──→├──→├──→├──→ lsh.cell(list_row,
                            7).value = sh.cell(dt_
                            row, 3).value
23  ├──→├──→├──→├──→├──→├──→ lsh.cell(list_row,
                            8).value = sh.cell(dt_
                            row, 4).value
24  ├──→├──→├──→├──→├──→├──→ lsh.cell(list_row,
                            9).value = sh.cell(dt_
                            row, 5).value
25  ├──→├──→├──→├──→├──→├──→ lsh.cell(list_row, 10).
                            value = sh.cell(dt_row,
                            4).value * \
```

```
26  ├───→├───→├───→├───→├───→├───     sh.cell(dt_row, 5).value
27  ├───→├───→├───→├───→├───→├───     lsh.cell(list_row, 11).
                                      value = sh.cell(dt_row,
                                      7).value
28  ├───→├───→├───→├───→├───→├───     list_row += 1
29
30  ├───→     with open("z:\data\sales\salesList.
            csv","w",encoding="utf_8_sig") as fp:
31  ├───→├───→     writer = csv.writer(fp,
                 lineterminator="\n")
32  ├───→├───→     for row in lsh.rows:
33  ├───→├───→├───→     writer.writerow([col.value for col in
                     row])
34  except PermissionError as ex:
35  ├───→     print(ex.filename,"出现了权限错误")
36  except:
37  ├───→     print("出现异常")
```

在第5行增加了代码try，为了监控异常而将代码包夹在中间。try语句
最后的冒号不可以省略，当然，夹在中间的代码每一行都要增加1阶缩进。

从第34行开始向下都是新增的代码。先是第34行，从可能发生的异常
中具体指定了PermissionError的类型，在异常发生时进行捕捉，而这里
则是针对PermissionError发生时要执行的处理。具体来说，就只是引用
了计划打开的文件名称，并附加了能够表达已出现Permission异常的错误
信息。最后使用except:（第36行）将PermissionError以外的所有错误都
作为意料之外的异常进行处理，错误信息提示为"出现异常"。

如此一来，在读取已打开的文件时，就会显示图3-34的错误提示
信息。

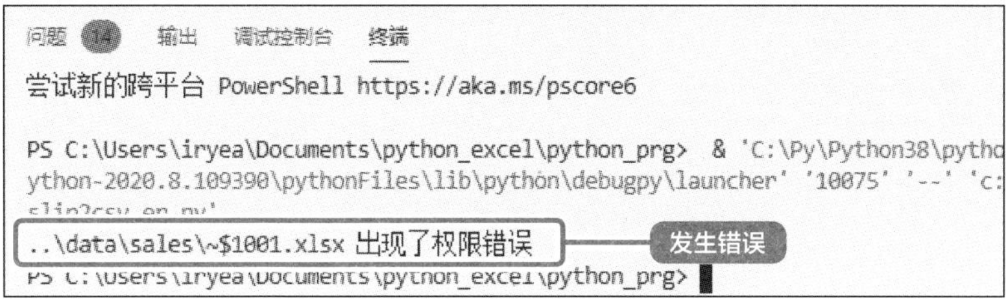

问题 🔴14　输出　调试控制台　终端

尝试新的跨平台 PowerShell https://aka.ms/pscore6

PS C:\Users\iryea\Documents\python_excel\python_prg> & 'C:\Py\Python38\pytho
ython-2020.8.109390\pythonFiles\lib\python\debugpy\launcher' '10075' '--' 'c:
slin2csv_er.ny'

..\data\sales\~$1001.xlsx 出现了权限错误　　　　　发生错误

PS C:\Users\iryea\Documents\python_excel\python_prg>

图3-34　因为打开了1001.xlsx而导致了错误发生

　　在本例中，因为在执行程序之前打开了1001.xlsx工作簿，所以才会出现PermissionError的异常。如果没有异常处理，一旦出现PermissionError程序就会终止，而此处的应对处理至少能够显示是哪一个Excel文件正在使用。此时只要关闭该文件，再执行一次sales_slip2csv_er.py就可以完成处理。

读书笔记

第 **4** 章

汇总数据

千岳
被富井科长叱责

接到麻美的求助后，千岳用Python编写了把销售发票输出为CSV格式的程序。于是，希望麻美能够学习VBA的富井科长找到了千岳，面对滔滔不绝地讲述Python各种功能的千岳，富井科长在发怒的同时，似乎另有打算……

富井 "为什么我让麻美用VBA做的东西，最后会变成你用什么Python做好了！"

总务科中回荡着销售科长富井的怒吼。

千岳 "那个，不是的，我是被麻美拜托，推辞不掉才……"

富井 "千岳啊，Excel当然是要用Excel最早就附带的VBA来做才是最好的，怎么会跑去用其他语言呢。"

千岳 "虽然我才疏学浅，但Excel VBA能够做到的Python一样可以做到，并且VBA无法做到的事Python也可以做到，所以才会认为用Python更好。"

富井 "很有自信嘛，那销售用Excel做的订单跟销售汇总表，Python也能做出来咯？"

千岳 "嗯，我认为是可以的。"

富井 "既然你这么自信，那就做给我看吧。要是最后做不出来，就要放弃Python乖乖回来学习VBA。"

千岳 "（总觉得好像是假借生气在甩工作给我）好的，我知道了。"

富井 "要好好地打印出来之后再拿过来啊。"

　　本以为富井科长只是在生气，看来事情并没有那么简单，总感觉哪里有些奇怪。

　　再重新整理一下至此千岳所做的事吧。首先是从麻美那边打听销售所做汇总表的相关内容，在每月制作的表中，不仅有用于理清销售实绩，根据负责人和客户进行整理的销售汇总表，还有为了掌握订单倾向，根据商品分类和尺码统计订单数量的列联表。

　　其中，负责人及客户销售汇总表应是由销售清单汇总而成的，而销售清单在第3章中已经根据销售发票制作完成。西玛服装跟其他公司一样，也是事先决定好每位客户的负责人，因此按照客户→负责人的顺序进行整理并汇总销售额会更好。

　　至于订单列联表，则需要先根据订单发票制作订单清单，然后再由订单清单汇总而成。

　　看来千岳还在反复思考汇总的方法，那么就丢下他不管，我们先继续进行下一步吧。

---

01 | 生成销售汇总表 与订单列联表的程序

　　本章将会介绍以下3个程序：第1个是由第3章中制作销售清单的代码，稍作修改之后的程序；第2个是利用该销售清单，分别以负责人及客户进行汇总的程序；第3个则是将订单清单作为原始数据，根据商品分类和尺码统计数据并制成列联表的程序。在汇总过程中所使用的数据格式，是Python中具有代表性的字典（dictionary）、列表和元组数据结构。另外，还有额外的第4个程序，能够完成像Excel数据透视表同等功能的数据分析。

先来看第1个制作销售清单的程序吧。该程序会生成图4-1的销售清单。

	A	B	C	D	E	F	G	H	I	J	K	L	M
1	1010981	2019-11-15 0:00:00	1	赤坂商事	1001	松川	1	W1100001201	正装衬衫S	30	2560	76800	2019秋模特
2	1010981	2019-11-15 0:00:00	1	赤坂商事	1001	松川	2	W1100001202	正装衬衫M	15	2560	38400	
3	1010981	2019-11-15 0:00:00	1	赤坂商事	1001	松川	3	W1100001203	正装衬衫L	10	2560	25600	稍大
4	1010982	2019-11-16 0:00:00	2	大手金融控股集团	1001	松川	1	W1200001201	休闲衬衫S	50	1890	94500	特价
5	1010982	2019-11-16 0:00:00	2	大手金融控股集团	1001	松川	2	W1200001202	休闲衬衫M	30	1890	56700	特价
6	1020765	2019-11-20 0:00:00	5	Right Off	2001	富井	1	M1000043001	Polo衫S	100	2100	210000	
7	1020765	2019-11-20 0:00:00	5	Right Off	2001	富井	2	M1000043002	Polo衫M	120	2100	252000	
8	1020765	2019-11-20 0:00:00	5	Right Off	2001	富井	3	M1000043003	Polo衫L	150	2100	315000	L畅销
9	1020765	2019-11-20 0:00:00	5	Right Off	2001	富井	4	M1000043004	Polo衫LL	130	2100	273000	
10	1020765	2019-11-20 0:00:00	5	Right Off	2001	富井	5	M1000043005	Polo衫XL	100	2100	210000	
11	1020766	2019-11-23 0:00:00	4	OSAKA BASE	2001	富井	1	M1000043001	Polo衫S	100	2250	225000	
12	1020766	2019-11-23 0:00:00	4	OSAKA BASE	2001	富井	2	M1000043002	Polo衫M	120	2250	270000	
13													
14													

图4-1　sales_slip2xlsx.py生成的销售清单

这份文件是由第3章的示例程序sales_slip2csv.py稍作修改之后，使用相同的销售发票文件生成的。

兼做第3章的复习，由代码4-1来看一下这个程序进行了哪些变更吧。

代码4-1　根据销售发票制作销售清单的sales_slip2xlsx.py

```
1   import pathlib
2   import openpyxl
3   import csv
4
5
6   lwb = openpyxl.Workbook()
7   lsh = lwb.active
8   list_row = 1
9   path = pathlib.Path("..\data\sales")
10  for pass_obj in path.iterdir():
11  ┝━━▶ if pass_obj.match("*.xlsx"):
12  ┝━━▶┝━━▶ wb = openpyxl.load_workbook(pass_obj)
13  ┝━━▶┝━━▶ for sh in wb:
14  ┝━━▶┝━━▶┝━━▶ for dt_row in range(9,19):
```

```
15                    if sh.cell(dt_row, 2).value != None:
16                        lsh.cell(list_row, 1).value =
                          sh.cell(2, 7).value   #发票No
17                        lsh.cell(list_row, 2).value =
                          sh.cell(3, 7).value   #日期
18                        lsh.cell(list_row, 3).value =
                          sh.cell(4, 3).value   #客户编号
19                        lsh.cell(list_row, 4).value =
                          sh.cell(3, 2).value.strip("
                          御中")   #客户名称
20                        lsh.cell(list_row, 5).value =
                          sh.cell(7, 8).value   #负责人编号
21                        lsh.cell(list_row, 6).value =
                          sh.cell(7, 7).value   #负责人姓名
22                        lsh.cell(list_row, 7).value =
                          sh.cell(dt_row, 1).value #No
23                        lsh.cell(list_row, 8).value =
                          sh.cell(dt_row, 2).value #商品
                          编号
24                        lsh.cell(list_row, 9).value =
                          sh.cell(dt_row, 3).value #商品
                          名
25                        lsh.cell(list_row, 10).value
                          = sh.cell(dt_row, 4).value #数
                          量
26                        lsh.cell(list_row, 11).value
                          = sh.cell(dt_row, 5).value #单
                          价
27                        lsh.cell(list_row, 12).value =
                          sh.cell(dt_row, 4).value * \
28                              sh.cell(dt_row, 5).value #金额
```

```
29  |——→|——→|——→|——→|——→ lsh.cell(list_row, 13).value
                         = sh.cell(dt_row, 7).value #附
                         注
30  |——→|——→|——→|——→|——→ list_row += 1
31
32  lwb.save("..\data\salesList.xlsx")
```

在第3章中已经介绍过，最后第32行的代码lwb.save("..\data\
salesList.xlsx")，将工作表中的销售明细清单保存为Excel文件。

第3章介绍把销售清单输出至csv文件中，是为了能够在虚构的Web
销售管理系统中读取数据。同样出于背景设定，Web销售管理系统中已经
录入了客户名称与负责人姓名，所以生成的清单中只列出客户及负责人的
编号。

然而本章制作的汇总表是要展示给其他人士的，千岳需要把做好的文
件交给富井科长看，而富井科长也想让其他人能够查看。因此，为了让清
单更加清晰易懂，在第19及21行处，分别转录的是实际的客户名称以及负
责人姓名。

另外第19行还需要进行一些额外的处理。销售发票中客户名称是类似
"赤坂商事　御中（赤坂商务公启）"的格式，客户名称之后会附带空格以
及公函用语等不必要的信息，因此需要使用strip方法去除。

制作这种格式的销售清单是为了之后的汇总准备的。

字典（dictionary）为包含成对键与值的数据格式

接下来，把sales_slip2xlsx.py制作的这份销售清单作为数据基础，
以负责人及客户进行分类汇总吧。

在生成负责人及客户汇总表的过程中，需要用到字典型数据。首先对
Python的字典型数据进行简单地说明。

字典（dictionary）在其他编程语言中也称为关联数组、哈希表或键值

对，均使用成对的键与值来储存数据。比如，需要将负责人编号与负责人姓名组合配对时就可以使用，如图4-2所示。

```
>>> persons = {1001:"松原", 1002:"小原", 1003:"前原", 2001:"富井"}
>>> persons[2001]
'富井'
>>>
```

图4-2　负责人编号与负责人姓名的配对

　　变量persons的赋值代码即为字典型示例，此处储存的是负责人编号与负责人姓名的配对数据。字典的全部内容都包括在大括号{}（花括号）中，单个元素用冒号以"键：值"的格式进行定义，各个元素之间则依靠逗号进行划分。

　　鉴于此，persons[2001]才可以通过键获取到对应元素的值（此处获取的值为"富井"）。另外，字典属于可变对象，其中的元素是可以替换的，基于此性质，键是不允许重复的，如果同一个键添加了不同的组合配对，那么将会替换之前储存的内容。

将销售清单按照负责人及客户进行汇总

　　了解字典的使用方法之后，接下来查看负责人及客户汇总表制作程序aggregate_sales.py的代码4-2吧。

代码4-2　**根据负责人及客户进行汇总的aggregate_sales.py**

```
1    import openpyxl
2
3    def print_header():
4        osh["A1"].value = "负责人"
5        osh["B1"].value = "数量"
6        osh["C1"].value = "金额"
7        osh["D1"].value = "客户"
8        osh["E1"].value = "数量"
```

```
 9  ├──→ osh["F1"].value = "金额"
10
11
12  wb = openpyxl.load_workbook("..\data\salesList.
    xlsx")
13  sh = wb.active
14  sales_data = {}
15  for row in range(1, sh.max_row + 1):
16  ├──→ person = sh["E" + str(row)].value
17  ├──→ customer = sh["C" + str(row)].value
18  ├──→ quantity = sh["J" + str(row)].value
19  ├──→ amount = sh["L" + str(row)].value
20  ├──→ sales_data.setdefault(person, {"name":
         sh["F" + str(row)].value , "quantity": 0,
         "amount":0})
21  ├──→ sales_data[person].setdefault(customer,
         {"name": sh["D" + str(row)].value ,
         "quantity": 0, "amount":0})
22  ├──→ sales_data[person][customer]["quantity"] +=
         int(quantity)
23  ├──→ sales_data[person][customer]["amount"] +=
         int(amount)
24  ├──→ sales_data[person]["quantity"] += int(quantity)
25  ├──→ sales_data[person]["amount"] += int(amount)
26
27
28  owb = openpyxl.Workbook()
29  osh = owb.active
30  print_header()
31  row = 2
32  for person_data in sales_data.values():
33  ├──→ osh["A" + str(row)].value = person_
         data["name"]
```

```
34    ├──→ osh["B" + str(row)].value = person_
           data["quantity"]
35    ├──→ osh["C" + str(row)].value = person_
           data["amount"]
36    ├──→ for customer_data in person_data.values():
37    ├──→├── if isinstance(customer_data,dict):
38    ├──→├──→├── for item in customer_data.values():
39    ├──→├──→├──→├── osh["D" + str(row)].value =
                    customer_data["name"]
40    ├──→├──→├──→├── osh["E" + str(row)].value =
                    customer_data["quantity"]
41    ├──→├──→├──→├── osh["F" + str(row)].value =
                    customer_data["amount"]
42    ├──→├──→├── row +=1
43
44    osh["F" + str(row)].value =   "=SUM(F2:F" +
      str(row-1) + ")"
45    osh["E" + str(row)].value =   "合计"
46
47
48    owb.save("..\data\sales_aggregate.xlsx")
```

程序aggregate_sales.py会读取data文件夹中的salesList.xlsx（销
售清单）并以负责人编号及客户编号进行分类汇总，然后把结果保存到
sales_aggregate.xlsx中。先查看执行结果有利于理解程序所处理的内容，
那么在程序所在文件夹上一层路径下的data文件夹中放入salesList.xlsx，
接着就可以执行程序获取结果[1]，如图4-3所示。

---

[1] 执行示例程序第4章文件夹中的sales_slip2xlsx.py（放入python_prg 文件夹下）后，即可
在data文件夹中生成salesList.xlsx。

	A	B	C	D	E	F	G	H
1	负责人	数量	金额	客户	数量	金额		
2	松川	135	292000	赤坂商事	55	140800		
3				大手金融控股集团	80	151200		
4	富井	820	1755000	Right Off	600	1260000		
5				OSAKA BASE	220	495000		
6					合计	2047000		
7								
8								

图4-3　**执行代码4-2之后生成的sales_aggregate.xlsx**

从头开始梳理这个程序的代码吧。

先在第1行中导入openpyxl之后，接着在第3行使用def语句定义
print_header()函数，该函数会在输出文件的各列首行添加表头，如图
4-4所示。

	A	B	C	D	E	F	G	H
1	负责人	数量	金额	客户	数量	金额		
2								
3								
4								
5								
6								

图4-4　**执行print_header()函数之后的预想结果（实际执行代码时并不存在该情
况，下同）**

就print_header()的内容本身来说，并不需要单独划分为函数，只是
借用函数的形式，把字符串输入单元格这一段相对单调的内容提取出来。
此处需要注意选择单元格的方式。

本书之前的内容中，都是以下列的形式，使用行列对应的数值作为参
数来选择单元格，比如把单元格E3的row和col改为数值之后对应到参数，
即为(3, 5)。

```
工作表对象.cell(row,col).value = "HOGE"
```

但是在此处，则是以下列的形式，直接使用A1、B2这类Excel引用来
选择单元格，请仔细分辨两种调用方式的不同之处。

```
osh["A1"].value = "负责人"
```

从第12行开始就进入了汇总的处理步骤。第12行的代码如下，会打开程序所在路径上一层中data文件夹里的salesList.xlsx（销售清单）。因为文件中只包含1张工作表，因此下一行代码直接激活该工作表并获取对象。

```
openpyxl.load_workbook("..\data\salesList.xlsx")
```

第14行代码，在如下中，创建了空字典sales_data，汇总数据将会存入该字典中。

```
sales_data = {}
```

汇总的具体处理由第15行到第25行的for循环完成。第15行for in使用range()函数来决定循环范围，而range()函数的起始值与终止值分别为1和sh.max_row+1，此处max_row属性代表的是数据最末行具体为第几行。在之前的章节中也介绍过，range()函数返回的内容会到终止值前面1个数为止，因此，如果直接将max_row作为终止值使用，在处理完最末行的前一行之后就会结束循环，无法将最末行的内容包含到汇总之中，所以正确的range()函数终止值应该是max_row 属性再加上1。

这里我们再看一次销售清单（salesList.xlsx）的内容，如图4-5所示。

	A	B	C	D	E	F	G	H	I	J	K	L	M
1	1010981	2019-11-15 0:00:00	1	赤坂商事	1001	松川	1	¥1100001201	正装衬衫S	30	2560	76800	2019秋模特
2	1010981	2019-11-15 0:00:00	1	赤坂商事	1001	松川	2	¥1100001202	正装衬衫M	15	2560	38400	
3	1010981	2019-11-15 0:00:00	1	赤坂商事	1001	松川	3	¥1100001203	正装衬衫L	10	2560	25600	稍大
4	1010982	2019-11-16 0:00:00	2	大手金融控股集团	1001	松川	1	¥1200001201	休闲衬衫S	50	1890	94500	特价
5	1010982	2019-11-16 0:00:00	2	大手金融控股集团	1001	松川	2	¥1200001202	休闲衬衫M	30	1890	56700	特价
6	1020765	2019-11-20 0:00:00	5	Right Off	2001	富井	1	M1000043001	Polo衫S	100	2100	210000	
7	1020765	2019-11-20 0:00:00	5	Right Off	2001	富井	2	M1000043002	Polo衫M	120	2100	252000	
8	1020765	2019-11-20 0:00:00	5	Right Off	2001	富井	3	M1000043003	Polo衫L	150	2100	315000	L畅销
9	1020765	2019-11-20 0:00:00	5	Right Off	2001	富井	4	M1000043004	Polo衫LL	130	2100	273000	
10	1020765	2019-11-20 0:00:00	5	Right Off	2001	富井	5	M1000043005	Polo衫XL	100	2100	210000	
11	1020766	2019-11-23 0:00:00	4	OSAKA BASE	2001	富井	1	M1000043001	Polo衫S	100	2250	225000	
12	1020766	2019-11-23 0:00:00	4	OSAKA BASE	2001	富井	2	M1000043002	Polo衫M	120	2250	270000	
13													
14													

| Sheet ⊕ |

图4-5　**销售清单salesList.xlsx**

代码4-2第16~19行代码进行的是销售清单数据的读取操作。其中第16行代码，将salesList.xlsx文档E列的负责人编号赋值给了变量person。

剩余的第17行及以后的部分，先将C列的客户编码赋值给customer，然后将数量赋值给quantity，并将金额赋值给amount。

在第20行中登场的字典setdefault方法，是本次汇总处理中最重要的内容。

```
sales_data.setdefault(person, {"name": sh["F" +
str(row)].value , "quantity": 0, "amount":0})
```

在setdefault方法中，键是负责人编号，而值是一个包含有name、quantity和amount三种元素的字典，可以看到这种结构里，字典的值是其他字典，如此一来就形成字典的嵌套。

换句话说，销售汇总表中的数据，会先以负责人进行一次大分类，然后再以客户进行一次小分类。如果大家自己的业务数据中包含更多的层次，可以配合分类嵌套出三重、四重甚至更多层的嵌套结构，但与之对应必须要注意的是，数据结构以及各数据的处理代码也会变得更加复杂。

再来看看作为值的字典里的内容吧。

name的值如下。

```
sh["F" + str(row)].value
```

可以看到是读取了负责人姓名所在的F列数据。quantity与amount在这里进行初始化时会赋予0，此处计算的是负责人整体的数据。

读取销售清单的第1行，并执行最初的setdefault方法之后，此时的sales_data中的数据如下。

```
{1001: {'name': '松川', 'quantity': 0, 'amount': 0}}
```

setdefault的方便之处在于，指定的键不存在时才会添加默认值，如果已经储存值则不会进行任何处理，因此读取销售清单各行之后，又多次执行setdefault()也完全没有问题。可以说是一种只会在增加新键时才进行的处理。

第21行的代码如下。

```
⟼  sales_data[person].setdefault(customer, {"name":
    sh["D" + str(row)].value , "quantity": 0,
    "amount":0})
```

在这段代码中，如果键为person（负责人）的字典中还没有包含customer（客户编号），则作为键新增到字典中，对应的值是客户名称（name）和用于统计该客户数量（quantity）和金额（amount）的初始值0。

当代码进行到此处时，sales_data的内容如下。

```
{1001: {'name': '松川', 'quantity': 0, 'amount': 0, 1:
{'name': '赤坂商事', 'quantity': 0, 'amount': 0}}}
```

可以看到负责人的字典内，已经包含客户的字典。之后开始第22行代码的汇总处理，具体如下。

```
┠──→  sales_data[person][customer]["quantity"] +=
      int(quantity)
┠──→  sales_data[person][customer]["amount"] +=
      int(amount)
┠──→  sales_data[person]["quantity"] += int(quantity)
┠──→  sales_data[person]["amount"] += int(amount)
```

第22行到第25行的内容，是在读取作为处理对象的销售清单各行数据之后，进行各行对应的汇总计算。

- 第22行对应负责人及客户的销售数量；
- 第23行对应负责人及客户的销售金额；
- 第24行对应负责人的销售数量；
- 第25行对应负责人的销售金额。

销售清单第1行数据的处理流程进行到此处时，字典sales_data中的内容如下。

```
{1001: {'name': '松川', 'quantity': 30, 'amount':
76800, 1: {'name': '赤坂商事', 'quantity': 30,
'amount': 76800}}}
```

处理到销售清单第2行数据时，同样当流程进行至此处时，字典sales_data的内容如下。

```
{1001: {'name': '松川', 'quantity': 45, 'amount':
115200, 1: {'name': '赤坂商事', 'quantity': 45,
'amount': 115200}}}
```

之后，销售清单各行也会进行相同的处理流程。如果出现嵌套字典中没有的键，则将客户编号作为键添加进去；同样，出现了外层字典中没有的键，则将负责人编号作为键添加进去。最后将各数值汇总至对应的值之中，此处使用复合赋值运算符+=进行汇总的计算操作。

当销售清单（salesList.xlsx）中的数据全部处理完成之后，储存在字典sales_data中的数据会内容如下。

```
{1001: {'name': '松川', 'quantity': 135, 'amount':
292000, 1: {'name': '赤坂商事', 'quantity': 55,
'amount': 140800}, 2: {'name': '大手金融控股集团',
'quantity': 80, 'amount': 151200}}, 2001: {'name': '
富井', 'quantity': 820, 'amount': 1755000, 5: {'name':
'Right off', 'quantity': 600, 'amount': 1260000}, 4:
{'name': 'OSAKA BASE', 'quantity': 220, 'amount':
495000}}}
```

接下来，将该字典置入一张新的Excel工作表中，首先看一下代码第28行到第30行的内容，具体如下。

```
28   owb = openpyxl.Workbook()
29   osh = owb.active
30   print_header()
```

第28行中通过openpyxl.Workbook()打开新的工作簿，下一行则用owb.active获取已打开的工作表。因为新建工作簿中正常情况下只包含1张工作表，所以仅通过owb.active就可以自动访问到唯一的工作表。

第30行的print_header()会在这张工作表的第一行中输入各项表头。接着从下一行代码开始，会获取字典sales_data中每位负责人及对应客户的汇总数量和金额，然后输入工作表内。这部分的处理位于代码的第31~42行。

第32行代码如下。

```
for person_data in sales_data.values()
```

该行代码会从sales_data中以负责人编号为键获取对应的值，而该值是嵌套在另一个字典中，也就是负责人的字典。其中部分的内容如下。

```
{'name': '松川', 'quantity': 135, 'amount': 292000, 1:
{'name': '赤坂商事', 'quantity': 55, 'amount': 140800},
2: {'name': '大手金融控股集团', 'quantity': 80, 'amount':
151200}}
```

这些内容在循环中会以person_data的名称被调用。而其中包含的内容会在第33~35行进行处理，name（松川）会放入当前工作表的A列，quantity（135）放入B列，amount（292000）则是C列，具体如下。

```
33 ├──→ osh["A" + str(row)].value = person_
          data["name"]
34 ├──→ osh["B" + str(row)].value = person_
          data["quantity"]
35 ├──→ osh["C" + str(row)].value = person_
          data["amount"]
```

接着从person_data中提取客户字典赋值给customer_data。这里需要注意的是，依次从person_data中取出的内容并不全是字典。第36行代码如下，从person_data中取出customer_data之后，利用print()函数确认一下其中的内容吧。

```
├──→ for customer_data in person_data.values():
```

```
松川
135
292000
{'name': '赤坂商事', 'quantity': 55, 'amount': 140800}
{'name': '大手金融控股集团', 'quantity': 80, 'amount':
151200}
富井
820
1755000
{'name': 'Right off', 'quantity': 600, 'amount':
1260000}
{'name': 'OSAKA BASE', 'quantity': 220, 'amount':
495000}
```

因为是依次取出person_data中的内容，所以当然不仅会有客户字典，也会包含有负责人姓名以及每位负责人整体的数量和金额。

这里就需要使用isinstance函数了，具体如下。

```
isinstance(customer_data,dict)
```

如果customer_data是dict（字典）的实例，则会返回True。只有是字典里的时候，才会进行后续操作，把name（客户名称）放入D列、quantity（该客户对应的数量）放入E列以及amount（该客户对应的金额）放入F列。至于负责人姓名等不是字典的实例程序会选择无视。此处的条件判断以及操作处理，包含在代码第37~41行内。

```
37 ├───┼──→ if isinstance(customer_data,dict):
38 ├───┼───┼──→ for item in customer_data.values():
```

```
39  ├──→├──→├──→ osh["D" + str(row)].value =
                    customer_data["name"]
40  ├──→├──→├──→ osh["E" + str(row)].value =
                    customer_data["quantity"]
41  ├──→├──→├──→ osh["F" + str(row)].value =
                    customer_data["amount"]
42  ├──→├──→├──→ row +=1
```

完成从person_data到工作表的转录之后，在第44行中通过
"=SUM(F2:F" + str(row-1) + ")"，把计算F列合计总和的SUM函数，输
入到同列最后一行的单元格中，代码如下。

```
osh["F" + str(row)].value =  "=SUM(F2:F" + str(row-1)
+ ")"
```

可以看到，通过这种方式就能够在程序中调用Excel的函数。至此，负
责人及客户的数量和金额汇总程序就全部结束了。执行程序之后，可以生
成根据大分类（负责人）及小分类（客户）进行汇总后的表格，如图4-6
所示。

	A	B	C	D	E	F	G	H
1	负责人	数量	金额	客户	数量	金额		
2	松川	135	292000	赤坂商事	55	140800		
3				大手金融控股集团	80	151200		
4	富井	820	1755000	Right Off	600	1260000		
5				OSAKA BASE	220	495000		
6					合计	2047000		
7								
8								

图4-6　**由aggregate_sales.py生成的sales_aggregate.xlsx**

根据订单清单制作商品分类及尺码列联表程序

接下来，就向着第3个程序aggregate_orders.py进发吧。这个程序

会根据订单清单的数据，以商品分类及尺码统计数量生成列联表，列联表会根据纵轴与横轴两侧进行交叉分类并汇总统计，而作为原始数据读取的内容是订单清单，如图4-7所示。

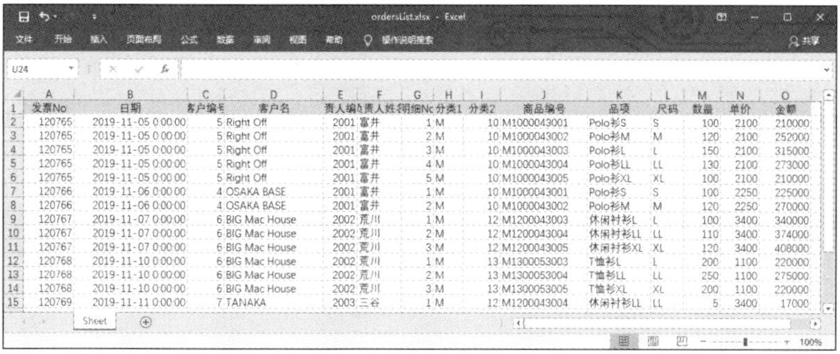

发票No	日期	客户编号	客户名	责人编号	责人姓名	明细No	分类1	分类2	商品编号	品项	尺码	数量	单价	金额
120765	2019-11-05 0:00:00	5	Right Off	2001	富井	1	M	10	M1000043001	Polo衫S	S	100	2100	210000
120765	2019-11-05 0:00:00	5	Right Off	2001	富井	2	M	10	M1000043002	Polo衫M	M	120	2100	252000
120765	2019-11-05 0:00:00	5	Right Off	2001	富井	3	M	10	M1000043003	Polo衫L	L	150	2100	315000
120765	2019-11-05 0:00:00	5	Right Off	2001	富井	4	M	10	M1000043004	Polo衫LL	LL	130	2100	273000
120765	2019-11-05 0:00:00	5	Right Off	2001	富井	5	M	10	M1000043005	Polo衫XL	XL	100	2100	210000
120766	2019-11-06 0:00:00	4	OSAKA BASE	2001	富井	1	M	10	M1000043001	Polo衫S	S	100	2250	225000
120766	2019-11-06 0:00:00	4	OSAKA BASE	2001	富井	2	M	10	M1000043002	Polo衫M	M	120	2250	270000
120767	2019-11-07 0:00:00	6	BIG Mac House	2002	荒川	1	M	12	M1200043003	休闲衬衫L	L	100	3400	340000
120767	2019-11-07 0:00:00	6	BIG Mac House	2002	荒川	2	M	12	M1200043004	休闲衬衫LL	LL	110	3400	374000
120767	2019-11-07 0:00:00	6	BIG Mac House	2002	荒川	3	M	12	M1200043005	休闲衬衫XL	XL	120	3400	408000
120768	2019-11-10 0:00:00	6	BIG Mac House	2002	荒川	1	M	13	M1300053003	T恤衫L	L	200	1100	220000
120768	2019-11-10 0:00:00	6	BIG Mac House	2002	荒川	2	M	13	M1300053004	T恤衫LL	LL	250	1100	275000
120768	2019-11-10 0:00:00	6	BIG Mac House	2002	荒川	3	M	13	M1300053005	T恤衫XL	XL	200	1100	220000
120769	2019-11-11 0:00:00	7	TANAKA	2003	三谷	1	M	12	M1200043004	休闲衬衫LL	LL	5	3400	17000

图4-7 **订单清单**

西玛服装的销售部包含数个科，由富井科长管理的销售2科专门负责男士西装，因此在销售2科的订单清单中，分类1列只会出现M（Men）一种数据，程序中也就不需要对此进行分类了。分类2中编号10-18是Polo衫等上衣的分类，所以可以确定这份数据中仅包含上衣，但上衣中也有着不同的类别。再加上Man所包含的尺码有S、M、L、LL、XL，那么此处自然就选择分类2以及尺码进行数量的统计。另外，分类2中共有表4-1所示的8种编码。

表4-1 **销售2科使用的商品分类编号**

编号	分类名
10	Polo衫
11	正装衬衫
12	休闲衬衫
13	T恤衫
15	开襟衫
16	毛衣
17	运动衫
18	派克大衣

列联表的重点在于其使用的是二维列表，在其他编程语言中也称为二维数组。

下面，首先粗略地看一下全部的代码，如代码4-3所示。

代码4-3　aggregate_orders.py

```
1    import openpyxl
2
3    categorys = ((0,""),(10,"Polo衫"), (11,"正装衬衫"),
     (12,"休闲衬衫"), \
4         ├──├──├── (13,"T恤衫"), (15,"开襟衫"),(16,"毛衣
                    "),(17,"运动衫"), \
5         ├──├──├── (18,"派克大衣"))
6    sizes = ("编号","分类名","S","M","L","LL","XL")
7
8    order_amount= [[0]*len(sizes) for i in
     range(len(categorys))]
9    for j in range(len(sizes)):
10        ├── order_amount[0][j] = sizes[j]
11
12   for i in range(1,len(categorys)):
13        ├── order_amount[i][0] = categorys[i][0]
14        ├── order_amount[i][1] = categorys[i][1]
15
16   wb = openpyxl.load_workbook("..\data\ordersList.
     xlsx")
17   sh = wb.active
18   for row in range(2, sh.max_row + 1):
19        ├── category = sh["I" + str(row)].value
20        ├── size = sh["L" + str(row)].value
21        ├── amount = sh["M" + str(row)].value
22        ├── for i in range(1,len(categorys)):
23        ├──├── if category == order_amount[i][0]:
24        ├──├──├── for j in range(2,len(sizes)):
```

```
25  ├──→├──→├──→├──→if size == order_amount[0][j]:
26  ├──→├──→├──→├──→├──→order_amount[i][j] += amount
27
28
29  owb = openpyxl.Workbook()
30  osh = owb.active
31  row = 1
32  for order_row in order_amount:
33  ├──→col = 1
34  ├──→size_sum = 0
35  ├──→for order_col in order_row:
36  ├──→├──→osh.cell(row, col).value = order_col
37  ├──→├──→if  row > 1 and col > 2:
38  ├──→├──→├──→size_sum += order_col
39  ├──→├──→col += 1
40  ├──→if row == 1:
41  ├──→├──→osh.cell(row, col).value =  "合计"
42  ├──→else:
43  ├──→├──→osh.cell(row, col).value =  size_sum
44  ├──→row += 1
45
46  owb.save("..\data\orders_aggregate.xlsx")
```

这个程序同样需要将ordersList.xlsx放入data文件夹之后才可以运行[2]。运行结果如图4-8所示。

---

② ordersList.xlsx已经包含在示例文件当中。

	A	B	C	D	E	F	G	H	I
1	编号	分类名	S	M	L	LL	XL	合计	
2	10	Polo衫	200	240	150	130	100	820	
3	11	正装衬衫	0	0	0	0	0	0	
4	12	休闲衬衫	0	0	100	115	120	335	
5	13	T恤衫	0	0	200	250	200	650	
6	15	开襟衫	0	0	0	0	0	0	
7	16	毛衣	0	0	0	0	0	0	
8	17	运动衫	0	0	0	0	0	0	
9	18	派克大衣	0	0	0	0	0	0	
10									

图4-8　**由aggregate_orders.py生成的订单汇总表orders_aggregate.xlsx**

那么接下来就按照顺序逐行梳理代码吧。第3行中定义了元组型变量categorys，用于储存分类2的内容。如前文所述，元组是一种与列表相似的数据结构，不同之处在于，元组使用小括号( )包围全部的数据，并且属于不可变对象。也就是说，元组中的值定义之后无法再更改，自然也无法用元组来完成汇总计算。

代码中将分类2中的一组编码和名称组成一个元组，然后将编号10-18分类的所有元组合起来构成更大的元组，也就是说形成了二维元组。其中的(0,"")是为了表格首行而准备的无效数据，这样可以确保列联表首行的空间，从而用来显示各项目的表头。

第6行的sizes是一维元组，里面会包含字符串“编号”、“分类名”和尺码，是因为这个元组中的内容会作为列联表的表头而使用。

第8行的代码如下。

```
order_amount= [[0]*len(sizes) for i in
range(len(categorys))]
```

该代码使用了第3章中介绍过的列表推导式进行初始化，将这行代码进行分解后，如以下代码，会生成以sizes所含元素数量为长度、内容全部为0的一维列表，而代码则会生成与categorys长度相同的一维列表。最终会生成包含有如下9个这种列表的二维列表。

```
[0]*len(sizes)
```

```
for i in range(len(categorys))
```

```
[0, 0, 0, 0, 0, 0, 0]
```

在Excel中进行查看，将会是二维列表，如图4-9所示。

◢	A	B	C	D	E	F	G
1	0	0	0	0	0	0	0
2	0	0	0	0	0	0	0
3	0	0	0	0	0	0	0
4	0	0	0	0	0	0	0
5	0	0	0	0	0	0	0
6	0	0	0	0	0	0	0
7	0	0	0	0	0	0	0
8	0	0	0	0	0	0	0
9	0	0	0	0	0	0	0
10							

图4-9　**第8行所生成数据的示意图**

从如下第9行的代码开始的循环中，会把元组中的尺码项转录到order_amount的首行内。for j中的j，是用来表示单元格及元组中第几项的索引。

```
for j in range(len(sizes)):
```

处理流程进行到此处时，之前的表格将会变为图4-10的效果。

127

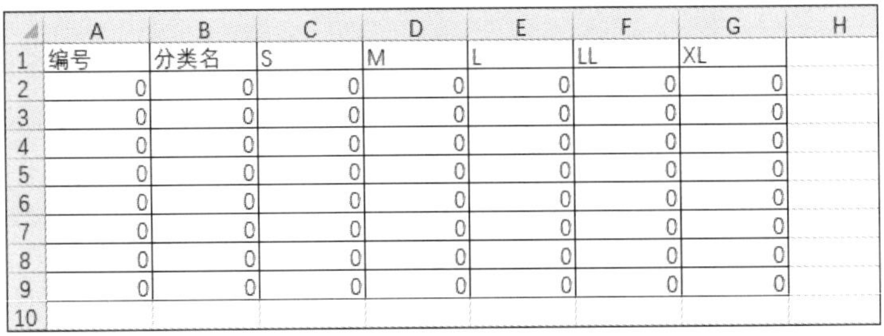

图4-10　至第10行代码所生成数据的示意图

接着从第12行开始的代码，循环会编辑分类编号及分类名的部分。
这里将range()函数的起始值设置为1，是为了跳过元组categorys中为
表头而保留的首个元素(0,"")。categorys[i][0]表示的是分类编号，而
categorys[i][1]则是分类名。至此处理之后，生成的数据效果将变为图
4-11的效果。

```
12  for i in range(1,len(categorys)):
13  ├──→order_amount[i][0] = categorys[i][0]
14  ├──→order_amount[i][1] = categorys[i][1]
```

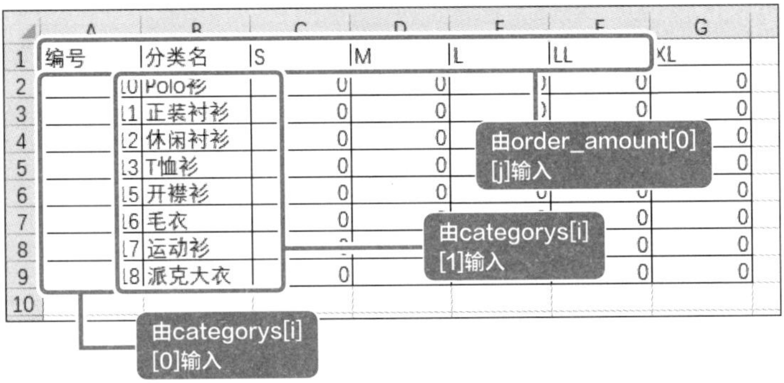

图4-11　至第14行代码所生成数据的示意图

至此，汇总的准备工作就算完成了。

接下来，读取ordersList.xlsx中的订单清单数据，并通过列表进行汇总统计。第16~26行的代码如下。

```
16    wb = openpyxl.load_workbook("..\data\ordersList.
      xlsx")
17    sh = wb.active
18    for row in range(2, sh.max_row + 1):
19    ├──── category = sh["I" + str(row)].value
20    ├──── size = sh["L" + str(row)].value
21    ├──── amount = sh["M" + str(row)].value
22    ├──── for i in range(1,len(categorys)):
23    ├────├── if category == order_amount[i][0]:
24    ├────├────├── for j in range(2,len(sizes)):
25    ├────├────├────├── if size == order_amount[0][j]:
26    ├────├────├────├────├── order_amount[i][j] += amount
```

在第18行的for语句中，range()函数的起始值为2，是因为ordersList.xlsx中第1行的内容是项目名，使用2作为起始值就可以跳过这一行。

第19~21行中把I列的分类编号赋值给变量category、L列的尺码赋值给size、M列的数量赋值给amount之后，开始在二维列表中进行扫描。

从第22行开始，在两层for循环中均嵌入if语句判断，如果再使用以下代码，来判断分类编号是否一致时（第23行），返回值为True，则继续在下一层循环中利用。

```
category == order_amount[i][0])
```

```
size == order_amount[0][j])
```

上述代码用于判断尺码是否一致（第24~25行），也相同的话则在对应单元格中显示数量（第26行）。

从如下第29行owb = openpyxl.Workbook()代码开始进入输出处理流程。

```
29   owb = openpyxl.Workbook()
30   osh = owb.active
31   row = 1
32   for order_row in order_amount:
33   ├──→col = 1
34   ├──→size_sum = 0
```

第32行代码for order_row in order_amount:会从二维列表中取出一维列表对应的行。

如下第35行的for order_col in order_row:则会从行中取出列，并对单元格进行编辑。

```
35   ├──→for order_col in order_row:
36   ├──→├──→osh.cell(row, col).value = order_col
37   ├──→├──→if  row > 1 and col > 2:
38   ├──→├──→├──→size_sum += order_col
39   ├──→├──→col += 1
40   ├──→if row == 1:
41   ├──→├──→osh.cell(row, col).value =  "合计"
42   ├──→else:
43   ├──→├──→osh.cell(row, col).value =  size_sum
44   ├──→row += 1
```

但是，为了统计分类的合计数量，当条件row > 1 and col > 2成立时（不是标行也不是标题列），size_sum会把order_col的数值统计到合计中（第38行）。该处理会从左侧开始逐个单元格进行，当一行内容处理完成之后，接着就在表的右侧输入合计值size_sum（第43行）。至此，列联表就算全部完成了。

译注：补充说明第40~42及44行，是用来判断是否为表头行，如果是则在最右侧输入表头"合计"。

第46行代码如下。

```
owb.save("..\data\orders_aggregate.xlsx")
```

第46行代码用于将汇总数据保存到orders_aggregate.xlsx文件，并在此终止程序，如图4-12所示。

	A	B	C	D	E	F	G	H	I
1	编号	分类名	S	M	L	LL	XL	合计	
2	10	Polo衫	200	240	150	130	100	820	
3	11	正装衬衫	0	0	0	0	0	0	
4	12	休闲衬衫	0	0	100	115	120	335	
5	13	T恤衫	0	0	200	250	200	650	
6	15	开襟衫	0	0	0	0	0	0	
7	16	毛衣	0	0	0	0	0	0	
8	17	运动衫	0	0	0	0	0	0	
9	18	派克大衣	0	0	0	0	0	0	
10									

图4-12 **最终完成的orders_aggregate.xlsx**

02 | 本章所学的技术

在本章之前的内容中，已经介绍了包括数据结构、二维数组以及设置Excel函数在内的新技术，那么为了加深记忆，再进行一次复习吧。

数据结构

关于Python的数据结构，下面也重新进行一次整理。至今为止，示例程序中已经使用过的数据结构有列表、元组以及字典。

列表与元组相似，两者之间最大的区别在于，列表为可变对象（mutable），而元组为不可变对象（immutable），因此列表中的元素可以替换，元组中的则不可以。但不管是读取还是写入，列表和元组都是以元素在序列中的次序编号作为索引进行调用的。列表与元组的特征如图4-13所示。

列表	元组
· 用方括号[ ]（中括号）包围数据	· 用圆括号( )（小括号）包围数据
· 各元素之间用逗号(,)进行划分，如 data = [1,2,3,4,5]	· 各元素之间用逗号(,)进行划分，如 data = (1,2,3,4,5)
· 通过索引（次序编号）访问元素，如 data[2]会返回3	· 通过索引（次序编号）访问元素，如 data[2]会返回3
· 可以更新元素内容（可变对象），如 data[2] = 30 → data变为[1,2,30,4,5]	· 不可改变元素内容（不可变对象），如data[2] = 30 → 报错

图4-13　列表与元组的特征

字典（dictionary）在其他的编程语言中也称为关联数组、哈希表或键值对，均使用成对的键与值来储存数据，在读写其中的值时会通过键来指定。字典的特征，如图4-14所示。

字典（dictionary）
· 组合使用键与值来储存数据
· 用花括号{ }（即大括号）包围数据
· 各元素之间用逗号(,)进行划分
persons = {1001:"松原",1002:"小原",1003:"前原",2001:"富井"}
· 访问元素时使用键来获取对应值
persons[1002]会返回小原
· 可以更新元素内容（可变对象）
persons[1002] = "大原" → 1002对应的值由"小原"变为"大原"

图4-14　字典的特征

熟练掌握数据结构的使用方法，就能够完成各种各样的汇总处理。希望大家能够理清思绪尽快掌握这些内容。

另外，如示例程序中看到的一样，列表、元组及字典均可以进行嵌套，在列表中嵌入列表、元组中嵌入元组之后就可以构成多维数据。

```
test = [[90,92,76,86,67],[89,77,56,81,79],[67,86,71,6
5,57]]
```

上文二维列表图表化之后，如图4-15所示。

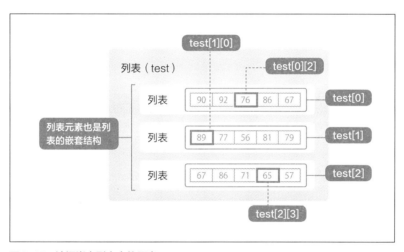

图4-15　访问嵌套列表中的元素

当然也需要学习一下如何访问这种列表中的各元素。以前文中的列表test为示例，执行print(test[0][1])之后会返回92，而执行print(test[1])之后则会返回[89, 77, 56, 81, 79]。

二维列表的初始化

介绍二维列表的初始化时，不得不提及一些有难度的内容。在生成列联表的程序中，对二维列表进行初始化时使用了以下列表推导式。

```
order_amount= [[0]*len(sizes) for i in
range(len(categorys))]
```

可能有的人会有疑问，为什么一定要使用这么复杂的方式进行初始化呢？

如果是一维列表，初始化的时候并没有什么需要特别注意的。

```
sample = [0,0,0]
```

以上述方式也好，

```
sample = [0] * 3
```

以上述指定元素数量的方式也好，或是如使用列表推导式也好，初始化之后的列表并没有什么不同。但是在初始化二维数组的时候，就需要注意所使用的方法了。

```
sample = [0 for i in range(3)]
```

初始化的时候，假设如下代码，即把所有元素的初始值都写出来，

```
sample = [[0,0,0],[0,0,0],[0,0,0]]
```

这样就不会产生问题，但是以下述方式，进行初始化就会出现问题，如图4-16所示。

```
sample = [[0] * 3] * 3
```

```
>>> sample = [[0] * 3] * 3
>>> print(sample)
[[0, 0, 0], [0, 0, 0], [0, 0, 0]]
>>> sample[0][1]=1
>>> print(sample)
[[0, 1, 0], [0, 1, 0], [0, 1, 0]]
>>>
```

图4-16 引用同一个列表进行初始化的示例

乍一看，初始化后所有的元素都赋值为0，但是通过sample[0][1]=1把0号列表中1号元素的值改为1之后，1号列表和2号列表也全都变为了[0, 1, 0]。

这是由于如下，在创建嵌套列表时，并没有在物理层面创建3个[0, 0, 0]列表，后续的两个列表只是引用了最初创建的那个[0, 0, 0]列表。

```
[[0] * 3] * 3
```

引用这个术语可能不好直接理解，那么从程序的角度来看，就相当于是在操作内存中完全相同的一个位置。所以在执行sample[0][1]=1之后，[1][1]以及[2][1]也都变为了1。

初始化二维数组时，使用下述列表推导式， 则不会全都引用内存中同一个位置，而是在内存中确保有各自独立的空间。

```
order_amount= [[0]*len(sizes) for i in
range(len(categorys)]
```

如果用sample = [[0 for i in range(3)] for i in range(3)]这种非常麻烦的、连一维列表都使用推导式的写法，当然也是没有任何问题的。

Excel函数的设置

代码4-2中计算销售金额的合计时，第44行代码如下。

```
osh["F" + str(row)].value =   "=SUM(F2:F" + str(row-1)
+ ")"
```

即在单元格中设置了Excel的SUM()函数。虽然也可以像这样在Python里使用Excel中各种已有的函数，但某些情况下，如代码4-3利用变量size_sum进行分类汇总那样，直接在Python程序中完成计算的方式，总体来说可能还会更快一些。在打开Excel文件时再进行计算，或是在Python程序执行时就完成计算，这是两种完全不同的选择，至于哪种方式更好则需要具体情况具体分析，当然也取决于Python程序执行结果的使用方式。

如果已完成的Excel汇总表存在以后进行修改的可能性，那么设置Excel函数的方式进行再计算时会更简单。但是，需要直接使用执行结果时，把全部计算都放在Python里的方式，能让维护更加轻松一些。

▪ ▪

麻美 "千岳，谢谢你附在邮件里的Python汇总程序，使用这个程序可以很快就能生成汇总表，真是帮大忙了！"

千岳 "是吗，那就好。看来我的努力没有白费呢。"

麻美 "说起来，每个月已经订好的汇总用这个程序是没问题了，但是有时候还会出现一些条件不一样的汇总。总觉得像是富井科长的心血来潮。"

千岳 "哈哈，说是心血来潮也太过分了。改变行列的内容进行数据分析，其实是相当常见的需求哦。麻美是怎么进行汇总的？"

麻美 "我是用Excel的数据透视表，行可能是客户，也可能是负责人，而列也有可能是月份、商品分类、尺寸等各种情况，虽然能进行汇总，但是操作起来特别麻烦。这个问题在Python里有什么解决办法吗？"

千岳 "麻美真是什么都觉得麻烦呢。可以用Pandas哦。"

麻美 "Pandas！听起来好可爱哦！"

千岳 "的确，Pandas读起来的确就像熊猫一样。用Pandas库，连数据透视表的功能都能实现哦。怎么样，要不要了解一下？"

■ ■

　　说到Excel的汇总，当然少不了方便好用的数据透视表，将其视若珍宝的人也不少。为了一下子想不起来数据透视表是什么的读者，这里简单介绍一下。

　　数据透视表，是从数据库中获取特定字段（列项）并配置好行与列之后对数值进行汇总的功能。就算是已经生成了数据透视表，依然能够简单地改变行列所指定的字段或汇总方法，是一种可以很方便地从各个角度对数据进行分析的功能。

　　虽然名为数据库，但是使用Excel时不需要考虑得太复杂。只要是类似于ordersList.xlsx文档中的样式，首行是字段名称，并且规整地排布有二维的数据，那么Excel就会视其为数据库，如图4-17所示。

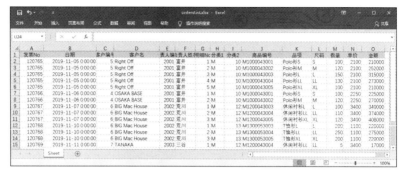

图4-17　Excel数据库的示例（ordersList.xlsx）

在Excel中创建数据透视表时，单击"插入"选项卡下的"数据透视表"按钮即可。接着会弹出"创建数据透视表"对话框，如图4-18所示。

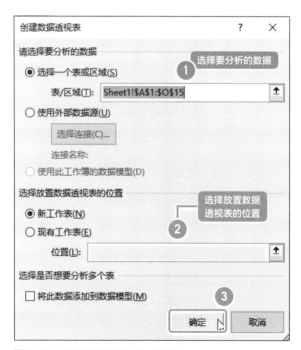

图4-18　"创建数据透视表"对话框

先选择表格或是单元格区域作为用来分析的数据，相当于选择好了数据库。如果在插入数据透视表之前，该表格或者单元格区域是已被选中的状态（活动工作表），那么会默认选择所有带字段名的内容。table在数据库的术语中表示一张表，一般来说数据库中都会由多个table（表）构成，但是带有字段名（列项名）的该项订单清单，既是数据库也是table。在选择放置数据透视表的位置时，选择默认的新工作表。

最后单击"确定"按钮，就会生成空白的数据透视表。从原始数据的字段中选择出所需的行列，就可以进行各种各样的分析，如图4-19所示。

图4-19　数据透视表的示例

这个例子中，显而易见是以品项为行，客户名称为列，合计金额为数值。勾选/取消复选框或是直接拖曳字段项目，就可以很简单地改变行、列、值的内容。另外，值的计算也不仅只有合计一种，还包括平均值、最大值、标准偏差等各种选项。即使是庞大的数据量，也可以通过简单的操作，完成复杂的分析，数据透视表毫无疑问是Excel中最出色的功能之一。

与数据透视表相同的分析，在Python中利用pandas库也能够做到。首先，与openpyxl的安装一样，在Visual Studio Code的"终端"中输入以下代码。

```
pip install pandas
```

执行并完成pandas的安装，如图4-20所示。

图4-20　在终端里执行pip指令安装pandas

因为pandas会用DataFrame读取CSV文件，所以在Excel中将ordersList.xlsx转存为CSV文件，如图4-21所示。

图4-21　由ordersList.xlsx转存为CSV格式后的数据

可以看到输出的CSV文件中还附带字段名。下面将此文件作为原始数据，完成与数据透视表相同的分析。

先看一下执行程序之后数据分析的大致效果。

```
问题  2    输出   调试控制台   终端                          2: Python Debug Consc  ∨

客户名       BIG Mac House  OSAKA BASE  Right Off  TANAKA          All
品项
Polo衫L          0.000000           0     315000       0   315000.000000
Polo衫LL         0.000000           0     273000       0   273000.000000
Polo衫M          0.000000      270000     252000       0   261000.000000
Polo衫S          0.000000      225000     210000       0   217500.000000
Polo衫XL         0.000000           0     210000       0   210000.000000
T恤衫L      220000.000000           0          0       0   220000.000000
T恤衫LL     275000.000000           0          0       0   275000.000000
T恤衫XL     220000.000000           0          0       0   220000.000000
休闲衬衫L    340000.000000           0          0       0   340000.000000
休闲衬衫LL   374000.000000           0          0   17000   195500.000000
休闲衬衫XL   408000.000000           0          0       0   408000.000000
All        306166.666667      247500     252000   17000   257785.714286
PS C:\Users\iryea\Documents\python_excel\python_prg> █
```

图4-22　Python中数据透视表的示例

译注：如果程序执行报错UnicodeDecodeError，需要把encoding改为utf-8，并且之前将Excel另存为CSV文件时也选择UTF-8格式的*.csv。

对照执行结果并查看程序，可以看到只有3行代码。

代码4-4　usc_pivot.py

```
1   import pandas as pd
2
3   df = pd.read_csv("..\data\ordersList.
    csv",encoding="cp932",header = 0)
4   print(df.pivot_table(index="品项",columns="客户名",
    values="金额", \
5       fill_value=0, margins=True))
```

在代码4-4中，第1行代码加载了pandas库，并用as为其添加了别名pd。第3行代码pd.read_csv()会读取CSV文件并赋值给变量df。

这里对read_csv的参数进行说明。第1个参数是作为分析基础的数据库文件，下一个参数则是文本的编码方式。

141

编码

在计算机中所有数据都是以二进制数来处理的，文字也不例外。因此，每个文字都分配一个二进制数的值（编号），依据这个分配规则，在不同情况下，有时会把文字转为二进制数，或是把二进制数转为文字。前一种情况称为编码（coding），后者则称为解码。严格来说，根据转换的方向不同叫法也会改变，但是也有不少人会把编码与解码合起来统称为编码（encode、encoding）。

编码也有着各种不同的方式，简体中文常用编码方式有GBK、GB2312等，繁体中文则有BIG5等编码方式。如果没有选择正确的编码方式，就会出现所谓的乱码。

Windows中Excel文件在另存为CSV文件时，正常情况下编码是标准的cp932[③]，因此在读取文件的时候会使用参数encoding="cp932"指定编码方式[④]（译注：中文Win 10中默认编码会与系统相关）。下一个参数header=0表示首行的内容是字段名（表头）。

通过df读取CSV数据之后，在第4行print()函数中就直接完成了数据透视表的处理操作。具体来说是通过df.pivot_table()，以变量df的数据为基础制作数据透视表，输入的参数中，index指定行的字段、columns指定列的字段、values指定汇总对象的字段。fill_value是当汇总对象的值不存在时，用来填充空白的值，可以看到这里指定的是0，如果没有指定则会是NaN（NotaNumber）。

参数margins=True代表横向以及纵向都需要计算合计值，对应结果是图4-22中All所指示的部分（第1行最右边以及最左列的最末行）。另外，由于本例只是单纯计算合计值，所以没有指定aggfunc可选参数，使用该参数指定汇总的函数能够计算平均值或标准偏差等结果，甚至可以指定自定义函数进行计算。

---

③ 微软代码页932，与Shift_JIS相比有些许不同之处。
④ 另存为CSV时编码可以选择UTF-8，那么与之对应，此处也需要指定为UTF-8。

至此，使用pandas库进行Excel数据透视表相同分析的方法已经介绍完毕，因为整体结构跟设置方法都相似，所以介绍的过程较为简单。对此有兴趣的读者可以自己进行各种尝试。另外，读者以通过访问pandas英文文档链接：https://pandas.pydata.org/pandas-docs/stable/index.html，查阅相关信息。

读书笔记

第 **5** 章

格式设置与打印

千岳
又被富井科长叱责了

千岳制作了富井科长要求的汇总表之后，再次遭到富井科长训斥，似乎是因为完全没有考虑格式的问题……

富井 "喂，千岳。我应该说过要把汇总表调成容易阅读的格式，然后再打印好拿过来。你是怎么回事？把汇总表附在邮件里面给我发过来，而且字号还那么小，这能用吗！"

　　总务科里又响起了富井科长的怒吼声。

千岳 "一般不都是在电脑或者平板上看吗，用手势放大一下就看得清啦。"

　　看着千岳用食指和拇指做出放大的手势，富井科长的怒气值达到了顶峰。

富井 "这个汇总表是要给部长跟董事看的！重要的地方不仅得放大，还要标记颜色突出显示，要做到一目了然！现在这样是肯定不行的，赶紧修改！"

千岳 "是这样啊，我知道了，就照您说的办。但数据是没错的吧？"

富井 "千岳！你什么都没搞明白啊！"

　　体育社团出身的富井科长一副要把人拎起来的样子。

富井 "你制作报表时，要努力让没时间的人也能高效地阅读啊！"

　　千岳被点到痛处，无言以对。

．．．．．．．．．．．．．．．．．．．．．．．．．．．．．．．．

在第4章的介绍中，千岳运用Python的字典和列表努力做出了汇总表，却忘记表格的美观性及打印等事项，被富井科长训斥了一顿。这让千岳意识到汇总表的阅读性也是非常重要的，使其能够被阅读者精准且快速地理解才是最理想的结果。那么，本章就来学习如何通过Python设置单元格的格式吧。

01 | 设置汇总表格式的示例程序

本章将会通过程序调整第4章里根据商品分类及尺码统计订单数的汇总列联表。首先来看一下，完全没有"努力让没时间的人也能高效地阅读"的汇总表是什么样子的[①]。

	A	B	C	D	E	F	G	H
1	编号	分类名	S	M	L	LL	XL	合计
2	10	Polo衫	2000	2400	1500	1300	1000	8200
3	11	正装衬衫	0	0	0	0	0	0
4	12	休闲衬衫	0	0	1000	1150	1200	3350
5	13	T恤衫	0	0	2000	2500	2000	6500
6	15	开襟衫	0	0	0	0	0	0
7	16	毛衣	0	0	0	0	0	0
8	17	运动衫	0	0	0	0	0	0
9	18	派克大衣	0	0	0	0	0	0
10								
11								

图5-1 **设置格式之前的订单汇总表**

通过Python对图5-1的订单汇总表设置单元格格式、添加边框以及调整列宽和行高。全部完成之后的效果如图5-2所示。

---

① 为了能够显示出千位分隔符的逗号，第4章列联表中的数值需要全部扩大10倍。

▲	A	B	C	D	E	F	G	H
1	编号	分类名	S	M	L	LL	XL	合计
2	10	Polo衫	2,000	2,400	1,500	1,300	1,000	8,200
3	11	正装衬衫	0	0	0	0	0	0
4	12	休闲衬衫	0	0	1,000	1,150	1,200	3,350
5	13	T恤衫	0	0	2,000	2,500	2,000	6,500
6	15	开襟衫	0	0	0	0	0	0
7	16	毛衣	0	0	0	0	0	0
8	17	运动衫	0	0	0	0	0	0
9	18	派克大衣	0	0	0	0	0	0
10								

图5-2　设置格式之后的订单汇总表

　　即使不通过Python编写代码，使用鼠标手动进行操作也能够完成同样的设置。但是，对于格式已经确定好的固定表格，将格式设置程序化才是良策。这样再次进行格式设置时，只需要执行一下程序即可。就算表格的行数改变了，也会自动获取边框绘制的范围，比手动复制格式更节省时间。

　　那么一起来看看美化表格的程序代码吧。

代码5-1　format_sheet.py

```
 1  import openpyxl
 2  from openpyxl.styles import Alignment,
    PatternFill, Font, Border, Side
 3
 4  #常量
 5  TITLE_CELL_COLOR = "AA8866"
 6
 7  wb = openpyxl.load_workbook("..\data\orders_
    aggregate.xlsx")
 8  sh = wb.active
 9
10  sh.freeze_panes = "C2"
11  #设置列宽
```

```
12  col_widths = {"A":8, "B":15,"C":10, "D":10, \
13  ┝───→ "E":10, "F":10, "G":10, "H":10}
14  for col_name in col_widths:
15  ┝───→ sh.column_dimensions[col_name].width = col_
    widths[col_name]
16
17  for i in range(2, sh.max_row+1):
18  ┝───→ sh.row_dimensions[i].height = 18
19  ┝───→ for j in range(3, sh.max_column+1):
20  ┝───→┝───→ #千位分隔符
21  ┝───→┝───→ sh.cell(row=i,column=j).number_format =
            "#,##0"
22  ┝───→┝───→ if j == 8:
23  ┝───→┝───→┝───→ sh.cell(row=i,column=j).font =
                Font(bold=True)
24
25  定义字体
26  font_header = Font(name="Yu Gothic",size=12,bold
    =True,color="FFFFFF")
27
28  for rows in sh["A1":"H1"]:
29  ┝───→ for cell in rows:
30  ┝───→┝───→ cell.fill = PatternFill(patternType="sol
            id", fgColor=TITLE_CELL_COLOR)
31  ┝───→┝───→ cell.alignment =
            Alignment(horizontal="center")
32  ┝───→┝───→ cell.font = font_header
33
34  side = Side(style="thin", color="000000")
35  border = Border(left=side, right=side, top=side,
    bottom=side)
36  for row in sh:
37  ┝───→ for cell in row:
```

```
38  ├──────→├──────→cell.border = border
39  ├──────→├──────→
40  wb.save("..\data\orders_aggregate_ed.xlsx")
```

在代码5-1的第1、2行中，不仅加载了openpyxl，还从openpyxl. styles载入了Alignment、PatternFill、Font、Border以及Side等设置单元格格式用的类。

第5行的TITLE_CELL_COLOR是用来储存标题单元格背景色，这里将其设置为RGB颜色"AA8866"。在Excel中颜色可以是0~255中的任意数值，而Python中则必须以16进制数来表示。因为颜色没有限制，可以自由设置，所以这里请根据需要替换为适合的数值。

在第7行中打开了orders_aggregate.xlsx文件。因为订单汇总表中只包含一张工作表，所以在打开工作簿时会自动成为当前工作表。第8行代码即选择当前工作表。

从第10行开始，就是工作表的具体设置部分，第10行代码如下。

```
sh.freeze_panes = "C2"
```

这行代码会锁定靠前的1行2列。想要在Python中调用Excel里的"冻结窗格"功能就需要使用该代码。

由于示例文件中数据量太少，可能无法直观地感受到冻结窗格的效果。简单来说，在执行了freeze_panes方法之后，即使滚动页面也能一直看到标题以及分类名。比如拖动水平滚动条到只能看到尺码M以后的部分时，依然会显示编号及分类名的列。

第12行代码中，为了设置各列的列宽，以变量名col_widths定义了一个字典，其中键为列名，值则为需要设置的列宽。

接着在第14、15行的for循环中，先获得变量col_widths的键，接着将键对应的值赋值给变量column_dimensions的width属性，完成各列的列宽设置。第14行的代码如下。

```
for col_name in col_widths:
```

该行代码在读取字典时不进行任何指定，返回的内容则为键。另外，使用keys方法也可以获得字典中的键。因此，将第14行代码进行如下改写，也能够获得相同的结果。

```
for col_name in col_widths.keys():
```

此外，还可以像col_widths.values()这样，通过values方法获取字典中值的部分。

从第17行开始的下一个for循环中，由第2行到已输入值的最后一行为止，所有变量row_dimensions的height属性均赋值为18。这样一来行高也设置完成了。

从第19行开始为嵌套在循环中的循环，其中设置了单元格的格式，代码如下。

```
19      for j in range(3, sh.max_column+1):
20          #千位分隔符
21          sh.cell(row=i,column=j).number_format =
            "#,##0"
22          if j == 8:
23              sh.cell(row=i,column=j).font =
                Font(bold=True)
```

第19行for j开头的循环中，横向设置了每个单元格的格式。在输入了数字的区域内，将单元格的number_format设置为"#,##0"。这些单元格在显示数字的时候，则会出现千位分隔符的逗号。

第22行的if语句中，当j为8时会执行第23行的处理。j为8时代表该列为合计的列，为了与其他单元格的内容进行区分，通过font的bold=True把文字设置为粗体。

可以看到这部分代码直接使用Font类的对象进行赋值，但是如果需要设置的项目有很多，每项都要单独写一行会相当麻烦。此时可以借鉴第26行代码，把Font类的对象赋值给变量，再用该变量设置单元格的font，代码如下。

```
font_header = Font(name="Yu Gothic",size=12,bold=True
,color="FFFFFF")
```

在该行代码中，将设置标题行单元格的Font对象赋值给变量font_header，整合了字体的相关设置。name是字体名（Yu Gothic），字号（size）为12，bold赋值True表示加粗，字体颜色（color）对应背景色使用白色文字"FFFFFF"。

而接下来的第28~32行代码，会把变量font_header的内容设置到工作表的单元格中，代码如下。

```
28    for rows in sh["A1":"H1"]:
29        for cell in rows:
30            cell.fill = PatternFill(patternType="sol
               id", fgColor=TITLE_CELL_COLOR)
31            cell.alignment =
               Alignment(horizontal="center")
32            cell.font = font_header
```

这里请特别注意第28行中选择单元格区域的方式，代码如下。

```
for rows in sh["A1":"H1"]:
```

该行代码中的sh["A1":"H1"]部分，是一种在选择单元格区域时非常好用的方法。由于这个例子中获取的区域"A1":"H1"仅为1行内容，可能无法充分体现这个用法的优势，但至少可看出来，仅依靠该代码就可以获取整行的内容。接着，利用第28、29行的两层for循环，获取行及行里面的单元格。

循环中设置了背景色（fill=第30行右侧部分）和单元格内对齐方式（alignment=第31行右侧部分），并且在第32行中把第26行定义的变量font_header赋值给font，各单元格的设置部分都集中于此。

第31行的代码Alignment(horizontal="center")，可以将水平对齐方式设置为居中。关于前文中选择单元格区域的方法，后面会以多行选择为例进行更多的说明。

添加边框需要定义Side对象，并指定线条的样式与颜色，代码如下。

```
34   side = Side(style="thin", color="000000")
35   border = Border(left=side, right=side, top=side,
     bottom=side)
36   for row in sh:
37       for cell in row:
38           cell.border = border
```

先设置style为thin（细）、color为RGB中的000000（黑色），然后利用Border对象将单元格的left（左侧）、right（右侧）、top（上方）、bottom（下方）均赋值为前面生成的变量side。

第36行开始的for循环中，对于有数据的单元格，会把变量border赋值给cell的border属性。这样就可以从第1行开始，为全部输入了数据的区域添加边框。

在第40行代码中，利用wb.save方法把前面设置完毕的Excel文件保存起来。

如此一来，易于阅读的表格就制作完成。接下来将会对使用到的技术进行详细说明。

使用openpyxl能够完成各种各样的格式设置，其中不仅包含很多能够进行设置的项目，可设置的内容也不少，所以仅依靠本章的示例程序无法把全部内容演示出来。因此，这里将会总结对制作高阅读性表格有帮助的格式设置，并就其相关代码进行基本的说明。

另外，在进行汇总及格式设置时，加载的库也变多了。那么，首先重新整理import语句相关的内容吧。

import语句相关的语法

最简单的import语句如下。

```
import 模块名（包名）
```

在第3章中用import csv加载csv模块（csv.py）。模块是单个文件，而多个模块整合到一起就形成了包。

加载包时所使用的语法与加载模块相同，例如通过import openpyxl语句加载包。

第4章则利用import pandas as pd加载pandas库，并为其附上别名pd，语法如下。

```
import 模块名（包名） as 别名
```

使用别名不仅可以用更短的名称调用其内容，还能够避免出现重名的情况。

本章中还用到了以下语法。

```
from 模块名（包名） import 类名（函数名）
```

该语法可以从模块中加载指定的类或函数。在下述代码中，就会载入
Alignment及PatternFill类。

```
from openpyxl.styles import Alignment, PatternFill,
Font, Border, Side
```

openpyxl是一个由大量包所组成的、拥有多种功能的大型库，作为其
中成员之一的styles本身自然也是一个包。因此，前面的语句中才会使用
from openpyxl.styles。

此外，想要加载特定模块时，还可以使用以下语法。

```
import 包名.模块名
```

如此一来，就可以仅加载指定包中的单个模块。

本章的示例程序中，在加载Alignment、PatternFill、Font、
Border、Side类之前，就已经载入了openpyxl，因此只从是否可以使用
的角度来看，后面额外的加载并不是必需的。

但是，像这样单独载入各个类之后，就可以简化编码时所需的代码。
比如设置单元格背景色时，进行单独载入，代码如下。

```
PatternFill(patternType="solid", fgColor=TITLE_CELL_
COLOR)
```

但如果是仅加载了openpyxl的情况，就不得不以下述的方式进行
调用。

```
openpyxl.styles.PatternFill(patternType="solid",
fgColor=TITLE_CELL_COLOR)
```

如果需要多次使用某个类，为了简化代码，可以单独对其进行加载。

隐藏行或列

在本章format_sheet.py的处理过程中，会把汇总时才使用的列也
展示到结果里。如果只需要显示分类名，那么把column_dimensions的
hidden属性赋值为True，就可以将不需要的列隐藏起来。

比如，想要隐藏A列时就可以输入如下代码。

```
sh.column_dimensions['A'].hidden=True
```

要把已经隐藏的列重新显示出来时，只要在合适的位置使用hidden =
False代码即可。

隐藏行时则输入如下代码，即通过row_dimensions指定行号。

```
sh.row_dimensions[1].hidden=True
```

设置单元格格式

单元格格式中包含许多可设置的内容，下面将以商务环境中常使用的
报表格式为例，总结相关设置的编码方式。

● 数值的格式设置

先是数值的表现形式。本章的示例程序中，将"#,##0"赋值给cell的
number_format属性，不仅设置了千位分隔符，还通过#进行0抑制，这里

```
```

的"0抑制"可能不好理解，该词是由zero suppress翻译过来的。例如，格式000会让30显示为030，但是没有最初的0才更好理解，因此使用格式##0消除开头不需要的0，这就是0抑制。

想要显示小数点之后的位数，可以用类似#,##0.00的格式控制小数点之后的0。

● 字体设置

示例程序中同样也用到了Font类。生成Font类的对象时，可以进行各种各样的设置。表5-1总结了一些具有代表性的属性。

表5-1　设置Font时可用的属性

属性	内容
name	字体名
size	字号
bold	True则设为粗体
italic	True则设为斜体
underline	True则加下划线
strike	True则加删除线
color	用RGB设置颜色

● 单元格的填充

使用PatternFill类可以给单元格填充颜色。patternType可设置填充样式，fgColor则用来指定填充的颜色。

● 对齐方式

Alignment类可以指定水平对齐（horizontal）和垂直对齐（vertical）的方式。horizontal可设置为left（靠左）、center（居中）、fill（填充）、right（靠右）、centerContinuous（跨列居中）、general（常规）、justify（两端对齐）和distributed（分散对齐）。

vertical则可以设置为bottom（靠下）、center（居中）、top（靠上）、justify（两端对齐）、distributed（分散对齐）。

通过设置对齐方式的示例程序，来查看各种方式的实际效果吧。

代码5-2 **设置了对齐方式的**format_sheet1.py

```
1   import openpyxl
2   from openpyxl.styles import Alignment
3
4   wb = openpyxl.Workbook()
5   sh = wb.active
6   sh.column_dimensions["A"].width = 20
7   sh["a1"] = "left,bottom"
8   sh["a1"].alignment = Alignment(horizontal="left"
    ,vertical="bottom")
9   sh["a2"] = "center,center"
10  sh["a2"].alignment = Alignment(horizontal="cente
    r",vertical="center")
11  sh["a3"] = "right,top"
12  sh["a3"].alignment = Alignment(horizontal="right
    ",vertical="top")
13  sh["a4"] = "distributed,bottom"
14  sh["a4"].alignment = Alignment(horizontal="distr
    ibuted",vertical="bottom")
15
16  wb.save(r"..\data\format_test.xlsx")
```

该程序在新建工作簿且设置好A列的列宽（第6行）之后，通过第7~
14行代码对A1~A4单元格进行了各种水平、垂直对齐的设置，并将对齐方
式输入到对应单元格内。执行该程序之后会获得如图5-3所示的结果[2]。

---

[2] 为了能够看清楚单元格中垂直对齐的位置，图像中的单元格增加了行高。

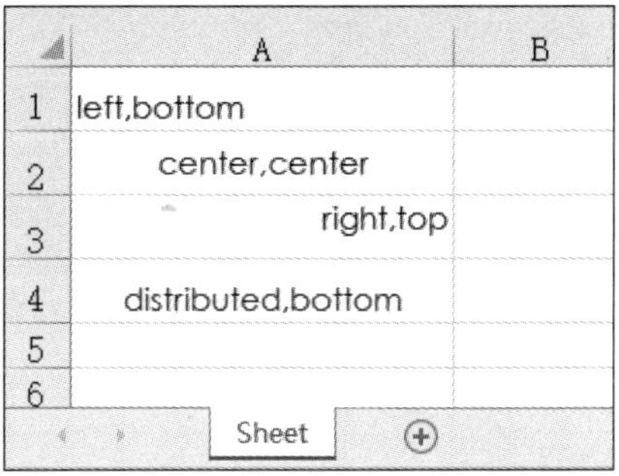

图5-3　Alignment中有代表性的组合方式

● 合并单元格

合并单元格是商务文件中常用的功能，下面将通过代码5-3新编写的一个小程序进行说明。

代码5-3　**选择单元格进行合并的**format_sheet2.py

```
1   import openpyxl
2
3   wb = openpyxl.Workbook()
4   sh = wb.active
5
6   sh["b2"] = "合并单元格的测试"
7   sh.merge_cells("b2:c2")
8   sh["b2"].alignment = openpyxl.styles.
    Alignment(horizontal="center")
9
10  wb.save(r"..\data\format_test.xlsx")
```

这个程序中，新建了Workbook（工作簿），B2单元格中输入了稍长的字符串，第7行的merge_cells方法将B2:C2单元格区域合并。并且，为了能够更清楚地看到合并单元格的效果，接下来的第8行中通过下述代码，设置了居中对齐。

```
openpyxl.styles.Alignment(horizontal="center")
```

这样就获得与Excel功能区中单击"合并后居中"按钮相同的效果。

此外，由于在这里只调用了一次Alignment，没有选择单独加载Alignment类，所以需要通过openpyxl.styles.Alignment来调用。

执行该代码之后，工作表上的B2与C2单元格会合并在一起，如图5-4所示。

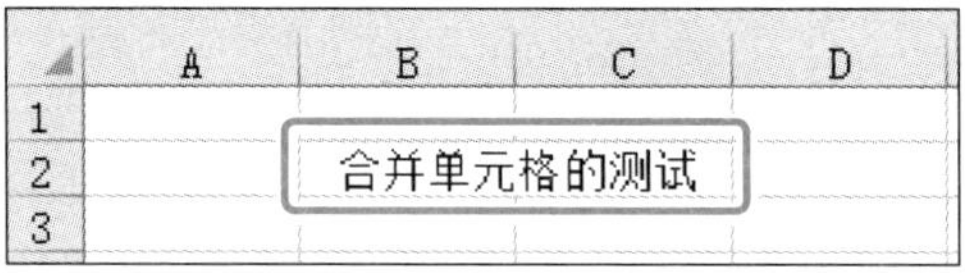

图5-4　合并单元格

取消单元格合并时需要执行下述代码，选择已合并的区域并执行取消操作。

```
unmerge_cells("b2:c2")
```

原始字符串

接下来将暂时抛开格式设置的话题，来介绍原始字符串的内容。

在代码5-3的程序中，第10行wb.save()的参数中，字符串之前标注了一个r，具体如下。

```
r"..\data\format_test.xlsx"
```

Python中如果在字符串之前带有字母r，则表示该字符串将不会进行转义，其中的值将会保持原样使用，这种字符串称为原始字符串。如果想要忽视字符串中\t（水平缩进、TAB）或\f（进纸、换页、FF）这种具有特殊含义的转义序列，可以选择使用原始字符串。上文的参数中，划分路径的\之后带有字母f，如果不用原始字符串的话，\f将会作为转义序列来解读。

在字符串前面加上r，将其作为原始字符串使用时，就不会因为其中的文件名以字母f或t开头而产生错误。

设置边框样式

程序5-1的第34行代码，用于生成Side类的对象变量，具体如下。

```
side = Side(style="thin", color="000000")
```

在该代码中，将style指定为thin，而color则是000000（黑色）。因此，由变量side作为参数绘制的边框是黑色细线条边框。当然，除此以外，使用Side类还能绘制出其他各种Excel中预设的边框。

同样编写一个小程序试试看吧。在这之前，需要事先准备好一个输入了文本、数字等内容的工作表，如图5-5所示。

▲	A	B	C	D	E	F	G	H	I
1									
2		A		1	啊	10	a		100
3		B		2	呷	20	b		200
4		C		3	呀	30	c		300
5									

图5-5　事先准备好输入文字与数字的工作表（border.xlsx）

可以看到，在名为border.xlsx的文档中，工作表里已经预先输入了文字与数字，另外还需要将其保存至data文件夹中。而示例程序format_sheet3.py会在该文档的工作表中绘制边框。

代码5-4 读取工作簿并在工作表中绘制边框的format_sheet3.py

```
1   import openpyxl
2   from openpyxl.styles import Border, Side
3
4   wb = openpyxl.load_workbook(r"..\data\border.xlsx")
5   sh = wb.active
6
7   side1 = Side(style="thick", color="00FF00")
8   side2 = Side(style="dashDot", color="0000FF")
9   side3 = Side(style="slantDashDot", color="FF0000")
10
11  for rows in sh["B2":"C4"]:
12      for cell in rows:
13          cell.border = Border(left=side1,
                right=side1, top=side1, bottom=side1)
14  for rows in sh["E2":"F4"]:
15      for cell in rows:
16          cell.border = Border(left=side2,
                right=side2, top=side2, bottom=side2)
17  for rows in sh["H2":"I4"]:
18      for cell in rows:
19          cell.border = Border(left=side3,
                right=side3, top=side3, bottom=side3)
20
21
22  wb.save(r"..\data\border_ed.xlsx")
```

该程序会读取目标文档border.xlsx（第4~5行），为每个区域都添加不同类型、不同颜色的边框（第11~19行）。为文档中各区域添加边框的效果，如图5-6所示。

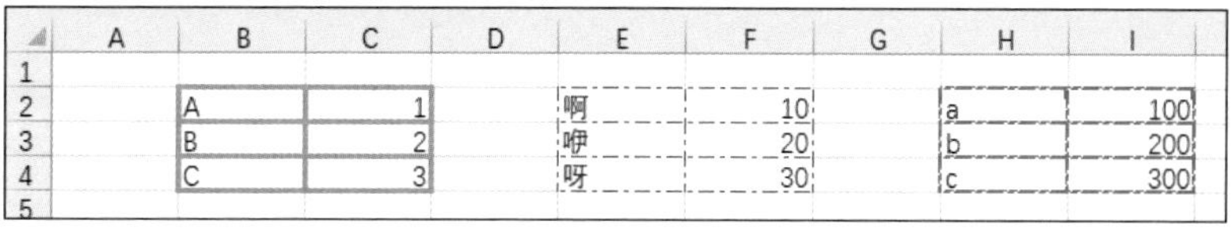

图5-6　通过format_sheet3.py为每个区域都添加上边框

第7~9行代码用于设置各种线条样式。style为thick时说明是粗边框，dashDot代表由短线和点组成的点划线，slantDashDot则是倾斜的点划线。

将style的值更改为medium、dotted、double时，边框会变成图5-7的样式。

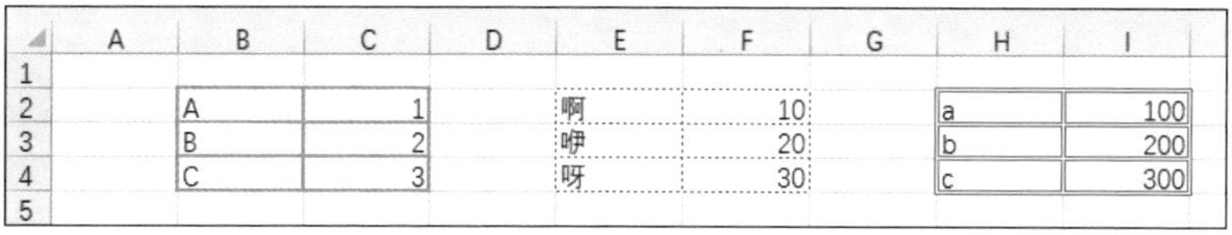

图5-7　边框的样式从左侧开始分别为medium、dotted、double

限于篇幅，这里无法把全部内容展示出来，除上文中介绍的边框类型外，还有hair、dashDotDot等样式。

为了选择需要添加边框的单元格区域，在程序的for循环中，通过sh["B2":"C4"]的方式选择单元格区域，并从中获取行（代码第11、14、17行），然后于循环中再嵌套一层循环，从行中取得单元格（代码第12、15、18行）。

选择单元格区域的方法

之前的示例程序中，已经介绍过几种选择工作表中单元格区域的方法，这里再进行一下总结。另外，还准备了帮助理解的程序range.py，同时为了确认程序的执行结果，需要新建Excel文档range.xlsx，并在A1到D3的单元格区域内输入一些数值，如图5-8所示。

▲	A	B	C	D
1	1	2	3	4
2	10	20	30	40
3	100	200	300	400
4				

图5-8　range.xlsx

准备好文档之后就执行程序range.py吧。

代码5-5　range.py

```
1   import openpyxl
2
3
4   wb = openpyxl.load_workbook(r"..\data\range.
    xlsx")
5   sheet = wb.active
6
7   getted_list = []
8   for row in sheet:
9   ├──→for cell in row:
10  ├──→├──→getted_list.append(cell.value)
11
12  print(getted_list)
13
14  getted_list = []
15  for row in range(2, sheet.max_row+1):
16  ├──→for col in range(2,sheet.max_column+1):
17  ├──→├──→getted_list.append(sheet.cell(row,col).
            value)
18
19  print(getted_list)
20
21  getted_list = []
22  for rows in sheet["B2":"C3"]:
```

164

```
23 ├──→ for cell in rows:
24 ├──→├── getted_list.append(cell.value)
25
26 print(getted_list)
27
28 getted_list = []
29 for rows in sheet.iter_rows(min_row=2, min_col=2,
   max_row=3, max_col=3):
30 ├──→ for cell in rows:
31 ├──→├── getted_list.append(cell.value)
32
33 print(getted_list)
```

接下来，将通过range.py介绍获取单元格区域内数值的4种方法。先介绍用sheet对象操作所有单元格的方法。通过第8行for循环中的in sheet部分，可以获取已经输入数值的行列区域中的所有对象，代码如下。

```
for row in sheet:
├──→ for cell in row:
├──→├──→ getted_list.append(cell.value)
```

for循环中会使用列表getted_list的append方法，把单元格的值添加到列表中。两层for循环都结束之后，利用print(getted_list)输入列表。程序执行之后，会把每行获取到的值以列表的形式显示出来，如图5-9所示。

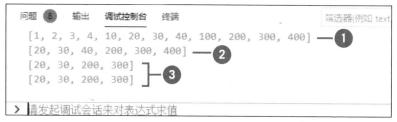

图5-9 "调试控制台"中展示变量（列表）getted_list中作为执行结果的内容

　　将工作表中所有内容都获取到列表，其输出结果显示在"调试控制台"的第一行（图5-9的 **1**），可以看到所有数值都存到列表中了。

　　从第15行开始的for循环是第2种方法。该方法会处理工作表中第2行到最后一行以及第2列到最后一列中的数据，代码如下。

```
for row in range(2, sheet.max_row+1):
    for col in range(2,sheet.max_column+1):
        getted_list.append(sheet.cell(row,col).value)
```

　　两个for循环都是从指定的数字2开始，直到range()函数第2个参数（这里是数据范围的最大值）之前终止，为了能够持续获取数据直到最后一行及最后一列为止，需要在max_row和max_column之上额外+1。

　　列表的输出结果在图5-9中调试控制台的第2行的 **2** 内容，即存储在列表中的数据，代码如下。

```
[20, 30, 40, 200, 300, 400]
```

　　第3种方法需要事先知道待处理数据的区域范围。要像Excel里一样用sheet["B2":"C3"]指定区域的范围，具体代码请查看range.py第22行开始的代码部分，如下页所示。

```
for rows in sheet["B2":"C3"]:
   └──→for cell in rows:
   └──→└──→getted_list.append(cell.value)
```

输出结果在图5-9中"调试控制台"的第3行 **③** ,可以看到获取了2行2列的数值。

```
[20, 30, 200, 300]
```

这里特意使用row的复数形态rows作为变量名,是为了表现出sheet["B2":"C3"]所选择区域中可以包含复数行的含义。虽然作为变量名具有含义的示例而使用了rows,但仅就变量名而言,使用row也完全可以获得同样的结果。

以下代码是通过行和列来选择单元格区域,其中用到了iter_rows方法。

```
for rows in sheet.iter_rows(min_row=2, min_col=2,
max_row=3, max_col=3):
   └──→for cell in rows:
   └──→└──→getted_list.append(cell.value)
```

作为iter_rows()的参数,min_row、min_col、max_row和max_col使用数字来指定单元格区域。

输出结果见图5-9 的第4行,与第3行相同。

通过Python设置条件格式

麻美又跑到总务科找千岳了,看起来很担心的样子。

麻美 "干岳！富井科长好像疯啦。卷着毛巾疯狂地唱着'跟去年相比100%不行的家伙就涂成红色吧'。"

干岳 "啊，那是矢泽永吉演唱的歌曲吧，涂成漆黑的恶作剧。最近不是又流行了嘛。"

麻美 "才不是什么矢泽呢。是矢崎营业部长下的销售任务，要把富井科长逼疯啦。"

干岳 "麻美你弄错了，富井科长是在说条件格式呢。富井科长说的是，销售额跟去年相比没有达到100%的负责人就会涂成红色吧。"

麻美 "就是说啊，我问'那要怎么涂成红色呢？'，结果富井科长说是去买油漆回来刷，真的要把人气疯啦。受不了啦，我也要转到总务科来！"

安井 "咳，咳！"

　　总务科的安井科长故意大声咳嗽了一声。最近总务科不是听到富井科长的怒吼，就是听到麻美的抱怨，安井科长斜眼看着干岳，怀疑他是不是做了什么多余的事情。干岳很有必要早点学会Python，拿出相应的成果。

干岳 "麻美，关于条件格式的设置，我们先在Python中设置好条件之后，再去Excel中看结果就很容易明白了。"

● ●

　　各种牛头不对马嘴的对话呢……富井科长所说的事情可以通过条件格式来实现。
　　有些人可能会觉得Excel的条件格式设置起来很困难。特别是条件中带

有数学公式时，需要用些奇怪的方式来编写，因此很多人都不擅长。但用
Python设置条件格式，然后再打开Excel确认结果的话，这个问题就会很
容易理解。

让我们从Excel提供的常规条件格式开始设置吧。比如，设置条件将数
值不够100的单元格填充为红色。在Excel中单击"开始"选项卡的"条件
格式"下三角按钮，在列表中选择"突出显示单元格规则"，在子列表中选
择"小于"选项，然后设置阈值为100，并且设置背景色填充为红色，如
图5-10所示。

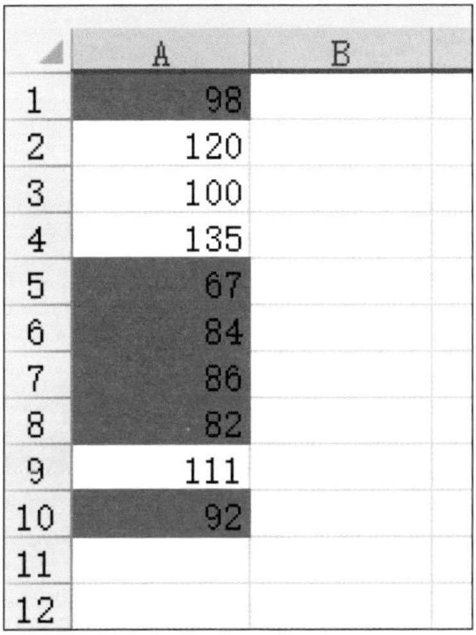

	A	B
1	98	
2	120	
3	100	
4	135	
5	67	
6	84	
7	86	
8	82	
9	111	
10	92	
11		
12		

图5-10　**将值小于100的单元格填充红色**

那么就来查看一下在Python中执行的程序吧。

代码5-6　**将符合条件的单元格填充红色的fill_red.py**

```
1  import openpyxl
2  import random
3  from openpyxl.styles import PatternFill
4  from openpyxl.formatting.rule import CellIsRule
```

```
 5
 6
 7   wb = openpyxl.Workbook()
 8   sh = wb.active
 9   values = random.sample(range(50,150), 10)
10   for i, value in enumerate(values):
11   ┣━━▶ sh.cell(i + 1, 1 ).value = value
12
13
14   less_than_rule = CellIsRule(
15   ┣━━▶ operator="lessThan",
16   ┣━━▶ formula=[100],
17   ┣━━▶ stopIfTrue=True,
18   ┣━━▶ fill=PatternFill("solid", start_
     color="FF0000", end_color="FF0000")
19   )
20   sh.conditional_formatting.add("A1:A10", less_
     than_rule)
21
22   wb.save(r"..\data\fill_red.xlsx")
```

第1~4行代码中除了openpyxl，还加载了生成随机数的random模块、用于背景色填充的PatternFill类，以及生成条件格式规则的CellIsRule类。

新建工作簿并且选中唯一的工作表，这些操作的代码已经见过很多次了，有的人可能已经开始感到厌烦了。

在这之后会有两个首次出现的函数。

第9行代码中的random.sample()函数表示每次都会返回一个不含重复内容的随机数列表。因为range(50,150)指定了随机数的范围，第2参数指定了返回数量为10个，所以会从50到149之间随意返回10个不重复的数生成列表。

如果想查看生成了什么样的随机数，可以在代码中添加print()函数并尝试运行一下，如图5-11所示。

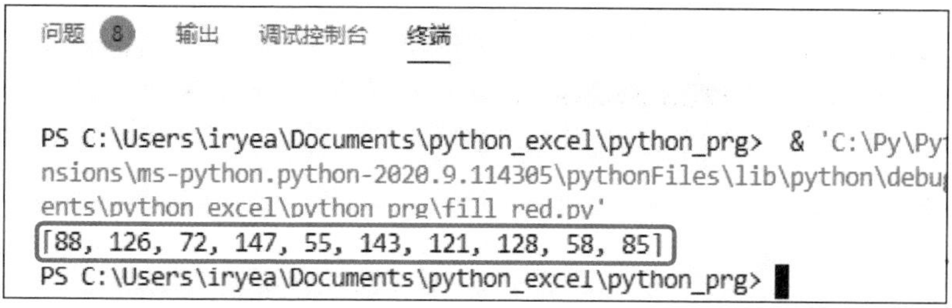

```
问题  8    输出    调试控制台    终端

PS C:\Users\iryea\Documents\python_excel\python_prg> & 'C:\Py\Py|
nsions\ms-python.python-2020.9.114305\pythonFiles\lib\python\debu|
ents\python_excel\python_prg\fill_red.py'
[88, 126, 72, 147, 55, 143, 121, 128, 58, 85]
PS C:\Users\iryea\Documents\python_excel\python_prg> █
```

图5-11 **查看随机数列表values**

学习编程的时候，像这样在运行程序的过程中逐步确认变量，从而在推进流程的同时理解代码的方式是很重要的。从而可以确认，的确是生成了10个不重复随机数的列表。如果重新执行程序，生成的数字将会发生改变。

第10行代码中出现了一个新的函数enumerate()。enumerate()函数会从列表等内容中，逐个提取索引和元素。在程序中获得的就是变量i和value。因为索引是从0开始的，为了能够作为行编号使用，接下来的第11行中，sh.cell在使用之前进行了i + 1的处理。

从第14行代码开始就是条件格式的设置。简单来说就是在生成了CellIsRule类的对象之后，通过sheet中conditional_formatting的add方法设置条件格式。第1个参数operator设置为lessThan，第2个参数formula为100，第4个参数fill则利用PatternFill，指定填充样式为solid，填充颜色是start_color="FF0000"及end_color="FF0000"两边都为RGB红色。

把生成的规则less_than_rule设置到A1:A10单元格区域之后（第20行），就以文件名fill_red.xlsx保存工作簿。

接下来可以打开Excel工作表，看看条件格式的效果。按照之前介绍过的方法打开条件格式列表（译注：即单击"开始"选项卡中的"条件格式"下三角按钮），选择"管理规则"选项，在打开的对话框中查看设置的条件格式，如图5-12所示。

图5-12　查看在Python中设置的Excel条件格式

可以看到设置的条件项中，从左到右分别为"单元格的值小于100时""背景色填充为红色"以及"区域为A1到A10"。

设置色阶也没问题

下面将介绍如何将条件格式设置为色阶的示例，效果如图5-13所示。

▲	A	B
1	138	
2	90	
3	74	
4	63	
5	53	
6	114	
7	112	
8	106	
9	70	
10	96	
11		
12		

图5-13　由红到白的变化

设置的规则是，如果单元格的值较小就填充红色，较大则填充为白色，颜色会逐步发生变化的条件格式。事不宜迟，直接来看看程序吧。

代码5-7　color_scale.py

```python
1   import openpyxl
2   import random
3   from openpyxl.formatting.rule import
    ColorScaleRule
4
5
6   wb = openpyxl.Workbook()
7   sh = wb.active
8   values = random.sample(range(50,150), 10)
9   for i, value in enumerate(values):
10  ├──→sh.cell(i + 1, 1 ).value = value
11
12  two_color_scale = ColorScaleRule(
13  ├──→start_type="min", start_color="FF0000",
14  ├──→end_type="max", end_color="FFFFFF"
15  )
16
17  sh.conditional_formatting.add("A1:A10", two_
    color_scale)
18
19
20  wb.save(r"..\data\color_scale.xlsx")
```

程序从openpyxl.formatting.rule之中载入了ColorScaleRule类，这个类就是用来生成色阶的类。

与代码5-6的程序fill_red.py相同，随机生成了10个50到149之间的数值放入A列。

生成ColorScaleRule类的对象时，start_type设置为min、end_

type则是max，而颜色则是start_color为FF0000（红色）、end_color为FFFFFF（白色），从而形成了渐变色。

至于程序中的ColorScaleRule，在Excel中又是怎样设置呢？首先确认条件格式的规则，如图5-14所示。

图5-14 在Excel中确认用ColorScaleRule设置的条件格式

设置的条件格式正是由红到白的渐变色。

第 **6** 章

图表

干岳，被业务管理办公室的
姐姐看上了

千岳在走廊里遇到了麻美。似乎是业务管理办公室的老员工拜托麻美请千岳帮忙，但是，千岳对业务管理办公室的业务并不了解。据那位员工所说，一位非常喜欢图表的专务要求所有的数据都要用图表来展示，真的很让人头疼……

千岳 "麻美啊，前几天业务管理办公室的坪根前辈打电话给我，请我帮忙做图表，她是怎么知道我的啊？"

千岳在走廊上和偶遇的麻美搭话。

麻美 "啊，那位姐姐啊，她跟富井科长是同期的。好像经常开十五会之类的聚会，一起喝酒来着。"

千岳 "哦，原来如此。十五会是什么啊？"

麻美 "大概就是同为平成十五年入职之类的吧。对了，坪根前辈和你说了什么啊？不管怎么样都要小心一点哦。坪根前辈跟社长、专务关系都很好，惹她生气可有大麻烦了。"

千岳 "不要吓我啊，麻美。"

事情退回到几天前，千岳被叫到了业务管理办公室。

千岳 "打扰了，我是总务的千田岳。请问坪根前辈在吗？"

千岳打开了业务管理办公室的门。

坪根 "你来啦，千岳，请过来看下这个。"

千岳 "哇，好多图表啊！直营店销售额及成本调查汇总、加班时间与电费的关系图？这些都做成图表了啊！"

坪根 "就是说啊，专务总是说用图表展示数据，才能一眼看明白。"

千岳 "专务，是那位社长的……"

坪根 "对，就是那位总想去国外考察的社长……的儿子。自从参加了
一个叫TED的会议后，就总想着要数据图表化。可是这么多的数
据，手动一个个创建图表，实在太麻烦了，有没有什么办法可以一
下子全做出来啊？小千岳。"

- -

　　在西玛服装的Web销售管理系统中，业务管理办公室的坪根女士可
以从系统上下载CSV格式的汇总数据，然后导入Excel中，并制作图表。
本章将以汇总数据已导入Excel中为前提，介绍如何利用Python自动生成
图表。

　　一般来说，"哪些单元格区域作为数据源"及"生成什么样的图表"的
页面结构是固定的。掌握编码要点之后，就能够应用在各种地方。因此在
阅读代码时，请多注意各程序是如何设置图表，以及如何选择单元格区域
作为数据源。

01 | 绘制图表的示例程序

　　本章将会在Python中利用openpyxl库绘制柱形图、堆积柱形图、折
线图、面积图、饼图、雷达图以及气泡图等图表。但是在实际执行程序之
前，需要先了解不同的数据能创建的图表样式。

先使用图6-1的各客户销售额汇总表作为原始数据，可以绘制柱形图。

	A	B	C
1	客户编号	客户名	当月销售额
2	00001	赤坂商务	¥5,600,000
3	00002	大手金融控股集团	¥3,400,000
4	00003	北松屋连锁店	¥7,650,000
5	00004	OSAKA BASE	¥1,250,000
6	00005	Right Off	¥3,460,000
7	00006	BIG Mac House	¥2,340,000
8	00007	TANAKA	¥7,800,000
9	00008	Yourmate	¥5,490,000
10	00009	KIMURA酱	¥11,218,000
11	00010	哈利路亚	¥2,300,000
12	00011	SideBar金融控股集团	¥1,256,000
13			

图6-1　各客户销售额汇总表

Excel工作表中的内容是各客户当月销售额，通过Python程序绘制柱形图，如图6-2所示。

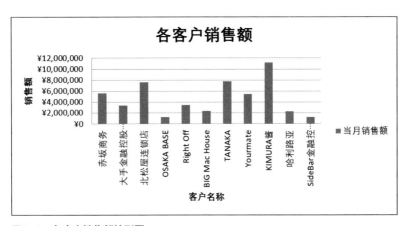

图6-2　各客户销售额柱形图

接着是各类商品及尺码销售数量汇总表，如图6-3所示。

	A	B	C	D	E	F	G
1	编号	分类名	S	M	L	LL	XL
2	10	Polo衫	200	240	150	130	100
3	11	正装衬衫	100	200	200	100	10
4	12	休闲衬衫	50	100	100	115	120
5	13	T恤衫	100	300	200	250	200
6	15	开襟衫	200	200	200	100	50
7	16	毛衣	100	150	200	150	100
8	17	运动衫	150	250	300	260	100
9	18	派克大衣	150	150	200	150	50
10							

图6-3　**各类商品及尺码销售数量汇总表**

该数据用于绘制堆叠了各尺码销售数量的堆积柱形图，如图6-4所示。

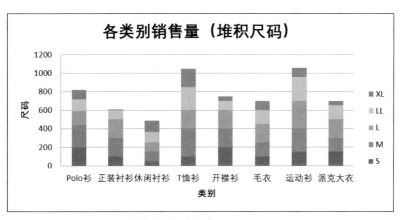

图6-4　**各类商品及尺码销售数量堆积柱形图**

使用堆积柱形图能一目了然地看出商品各尺码的销售数量。

各商品每月销售数量的变化情况则可以通过折线图来展示。各商品每月销售数量，如图6-5所示。制作为折线图的效果，如图6-6所示。

	A	B	C	D	E	F	G	H	I
1	月	Polo衫	正装衬衫	休闲衬衫	T恤衫	开襟衫	毛衣	运动衫	派克大衣
2	4月	1500	2000	2000	1000	500	100	800	1500
3	5月	2000	1500	1500	2000	400	200	800	1000
4	6月	3000	1800	1500	3800	300	10	600	500
5	7月	2600	1500	1000	3600	30	20	500	100
6	8月	2800	1000	1000	3000	40	10	200	150
7	9月	1500	2500	2000	1000	500	500	400	3000

图6-5　各商品每月销售数量汇总表

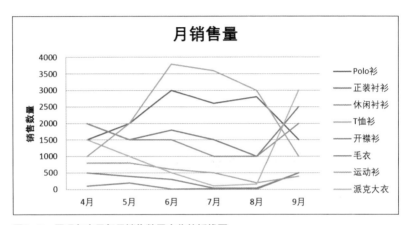

图6-6　展现各商品每月销售数量变化的折线图

接下来介绍面积图（AreaChart）。面积图同时拥有条形图与折线图的特性，能通过面积展现数量的多少。本章将使用图6-3的原始数据来绘制堆积面积图，如图6-7所示。

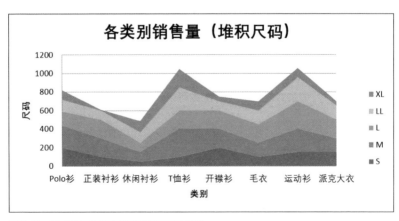

图6-7　各类商品及尺码的销售数量面积图

绘制表格用的数据与图6-4堆积柱形图相同，但是面积图看起来更加直观了。

这些数据同样能够绘制饼图，使用的数据是Women（女士服装）、Men（男士服装）和Kids（儿童服装）各个部门的销售额，如图6-8所示。

	A	B
1		销售额（百万）
2	Women	170
3	Men	135
4	Kids	110
5		

图6-8　Women、Men和Kids的销售额

通过饼图，销售额中占有更高比例的部分能够一眼就看出来，如图6-9所示。

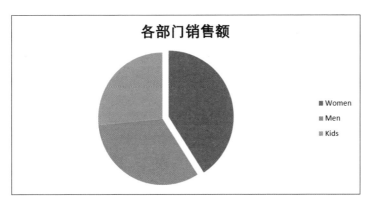

图6-9　展示Women、Men和Kids销售额中比例高低的饼图

为了展示直营店中Women（女士服装）、Men（男士服装）和Kids（儿童服装）的销售趋势，可以使用雷达图。使用的原始数据，如图6-10所示。绘制的雷达图效果，如图6-11所示。

▲	A	B	C	D	E
1	直营店名	Women	Men	Kids	
2	千叶1号店	150	160	70	
3	千叶2号店	230	50	120	
4	埼玉1号店	140	100	150	
5	埼玉2号店	90	120	40	
6	栃木1号店	80	110	10	
7					

图6-10　**各直营店Women、Men和Kids的销售额**

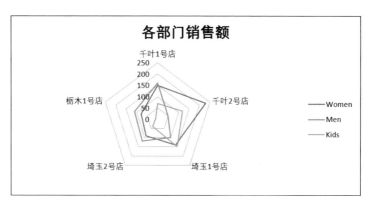

图6-11　**各直营店Women、Men和Kids的销售额雷达图**

雷达图中销售额越多，线条所围起来的面积就越大。可以看到Women（女士服装）的面积是最大的。另外也能够看出各直营店中，埼玉1号店是Kids（儿童服饰）部门更强。

最后介绍气泡图，与其他图表不同之处在于气泡图能够同时比较三种数据，如图6-12所示。

▲	A	B	C	D
1	直营店名	销售额（百万）	盈利（百万）	员工数
2	千叶1号店	15	4.4	10
3	千叶2号店	8	3	5
4	埼玉1号店	32	8	15
5	埼玉2号店	24	5	6
6	栃木1号店	13	3.5	3
7				

图6-12　**各直营店的销售额、盈利和员工数**

使用上述数据绘制气泡图，如图6-13所示。

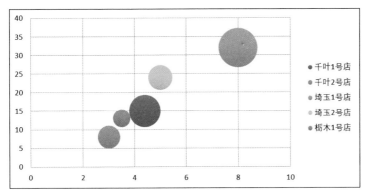

图6-13　展现各直营店的销售额、盈利和员工数之间关系的气泡图

气泡图中Y轴表示销售额，X轴表示盈利，而气泡的大小则表示员工数量。由此可以查看销售额、盈利以及员工数之间的关系。

上述各类图表均是由Python根据原始数据创建的，利用openpyxl库就能够用同样的方法轻松地绘制各种图表。先让我们一起来绘制柱形图吧。

绘制柱形图

先一起来看看绘制柱形图的程序column_chart.py。

代码6-1　**柱形图绘制column_chart.py**

```
1   import openpyxl
2   from openpyxl.chart import BarChart, Reference
3
4   wb = openpyxl.load_workbook("..\data\column_
    chart.xlsx")
5   sh = wb.active
6
7   data = Reference(sh, min_col=3, max_col=3, min_
    row=1, max_row=sh.max_row)
```

```
 8   labels = Reference(sh, min_col=2, max_col=2, min_
     row=2, max_row=sh.max_row)
 9   chart = BarChart()
10   chart.type = "col"
11   chart.style = 28
12   chart.title = "各客户销售额"
13   chart.y_axis.title = "销售额"
14   chart.x_axis.title = "客户名称"
15
16   chart.add_data(data,titles_from_data=True)
17   chart.set_categories(labels)
18   sh.add_chart(chart, "E3")
19
20   wb.save("..\data\column_chart.xlsx")
```

在column_chart.py中，为了简化绘制柱形图（BarChart）的代码，不但加载了openpyxl，还单独载入openpyxl.chart包中的BarChart类和Reference类。即使不从openpyxl.chart包中加载BarChart和Reference类，仅加载完整的openpyxl包，同样可以调用BarChart和Reference类，但是单独加载各个类可以让代码更为简洁。

调整柱形图样式时，除了需要设置type、style和title等属性之外，最重要的一点是使用Reference类生成data对象和labels对象。正是这些Reference对象表示了"哪些单元格区域作为数据源"。date和labels对象表示的区域，如图6-14所示。

	A	B	C
1	客户编号	客户名	当月销售额
2	00001	赤坂商务	¥5,600,000
3	00002	大手金融控股集团	¥3,400,000
4	00003	北松屋连锁店	¥7,650,000
5	00004	OSAKA BASE	¥1,250,000
6	00005	Right Off	¥3,460,000
7	00006	BIG Mac House	¥2,340,000
8	00007	TANAKA	¥7,800,000
9	00008	Yourmate	¥5,490,000
10	00009	KIMURA酱	¥11,218,000
11	00010	哈利路亚	¥2,300,000
12	00011	SideBar金融控股集团	¥1,256,000
13		分类	数据

图6-14　data和labels对象表示的区域

第7行代码中的data对象（数据），引用的单元格区域是当前工作表（sh）C列中，从C1开始直到有数据的最后一行。第8行的labels对象（分类），引用的是B列中客户名称部分（原始数据第2行到包含数据的最后一行，即B2~B12）。

data对象在调用Reference()构造函数时只使用C列。

```
min_col=3, max_col=3
```

上述代码引用了"从第3列（C列）开始到第3列（C列）为止"的数据。Labels对象在引用B列时也使用了同样的方法。

接着在第9行中，创建了空白的柱形图对象chart。

第10行到第14行设置了图表的属性，之后会对此进行更详细的说明，先继续阅读之后的代码。

第16行中，把data对象作为参数传入add_data方法，向chart对象中添加数据。

```
titles_from_data=True
```

上述的第2参数代表数据源中第1行的表头，将会作为柱形图的图例使用。

在第17行中，labels对象作为参数传入set_categories方法，设置chart的分类。

第18行通过工作表的add_chart方法，将chart新增到单元格E3中，这样就完成了图表的绘制。注意此处进行的操作是"新增"，如果多次执行该程序，会把绘制出的图表全部重叠放置在同一个位置上。

最后通过save方法进行保存之后，会在工作表上绘制出图6-15的图表。

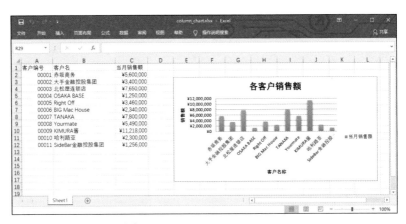

图6-15　带有图表的工作表

再重新阅读第10行到第14行设置chart属性的代码。先简要地说明第12~14行的代码，这3行应该可以从title、y_axis.title和x_axis.title各自的名字看出来，分别代表图表的标题、Y轴标题以及X轴标题。

改变第11行chart.style设置的数字时，图表的外观也会发生变化。比如，在本例中的数值为28，柱形图中的数据系列是橙色的，如果是1的话则为灰色、11为蓝色、30会近似于黄色。该值设置为37，则会让绘图区的背景变为浅灰色，为45时绘图区的背景为黑色的。设置chart.style为37时，效果如图6-16所示。

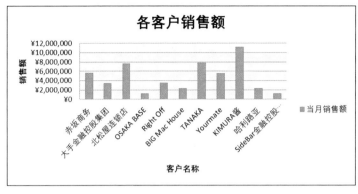

图6-16　chart.style = 37时的图表

第10行中chart.type设置为col时，会像本例中展示的那样绘制出柱形图；设置为chart.type = "bar"时，则绘制出条形图。

但是，使用该示例中的数据绘制条形图时，会因为高度的问题，而导致Y轴中的项目（客户名称）有一部分无法显示出来，如图6-17所示。这是因为openpyxl在绘制图表时，会提前决定好图表的大小。

图6-17　相同的数据绘制条形图时，客户名称出现缺失

由Python绘制好图表之后，在Excel中打开该文档，再手动调整图表的高度，也不失为一种解决办法。但是，既然要依靠Python达到自动化，最好避免出现需要手动调整的情况。那么就设置chart的height或width属性，尝试调整图表绘制出来的大小吧。

例如，在第14行之后添加如下代码。

```
chart.height = 10
```

执行程序之后，效果如图6-18所示。

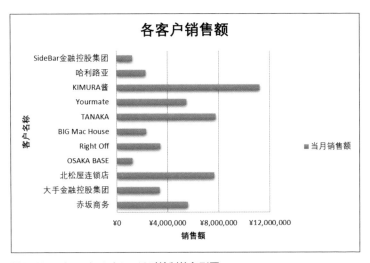

图6-18 chart.height = 10时绘制的条形图

条形图中上下都留有足够的空间，可以让图表更容易阅读。

绘制堆积柱形图

接下来将介绍堆积柱形图的制作。首先查看原始数据，如图6-19所示。

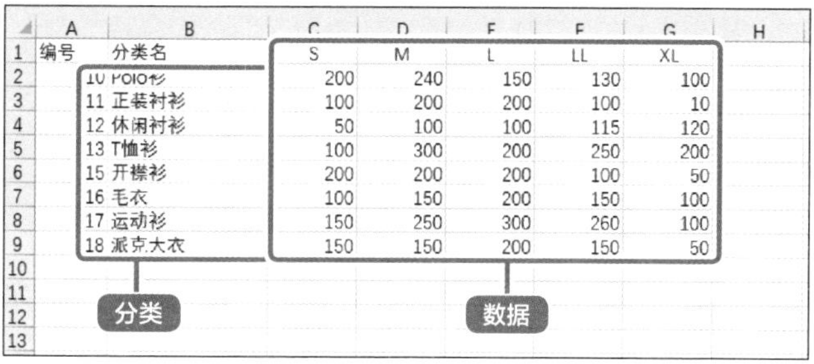

图6-19　堆积柱形图引用的数据区域

根据这些数据，绘制Polo衫、正装衬衫等各类商品从S到XL各尺码销
售数量之后的堆积柱形图，具体代码见column_chart_stacked.py。

代码6-2　堆积柱形图绘制column_chart_stacked.py

```
1   import openpyxl
2   from openpyxl.chart import BarChart, Reference
3
4   wb = openpyxl.load_workbook("..\data\column_
    chart_stacked.xlsx")
5   sh = wb.active
6
7   data = Reference(sh, min_col=3, max_col=7, min_
    row=1, max_row=sh.max_row)
8   labels = Reference(sh, min_col=2, max_col=2, min_
    row=2, max_row=sh.max_row)
9   chart = BarChart()
10  chart.type = "col"
11  chart.grouping = "stacked"
12  chart.overlap = 100
13  chart.title = "各类别销售量（堆积尺码）"
14  chart.x_axis.title = "类别"
15  chart.y_axis.title = "尺码"
16  chart.add_data(data, titles_from_data=True)
17  chart.set_categories(labels)
```

```
18
19    sh.add_chart(chart, "I2")
20    wb.save("..\data\column_chart_stacked.xlsx")
```

第7行代码中Reference类生成的对象赋值给变量data，其引用的单元格区域不仅包括了表头，还包括全部尺码下所有数据的内容。

第17行中作为参数传入set_categories方法的labels对象，引用了B列第2行到最后一行的数据（第9行）。这是作为图表分类的类别标签数据。

第11行chart.grouping设置的stacked代表着堆积柱形图。overlap为100，如果设置的数小于100，各柱体就会发生少许偏移，出现重叠。

执行程序之后，将会绘制出图6-20的图表。

图6-20　由column_chart_stacked.py绘制的堆积柱形图

第7行Reference类在选择数据源时，包括了原始数据第1行的表头部分。并且第16行的add_data方法中也设置了titles_from_data=True，因此S、M、L等尺码才会成为图例。

另外，如果想在堆积柱形图中查看尺寸的构成比例，就需要把第11行的grouping设置为percentStacked，如图6-21所示。

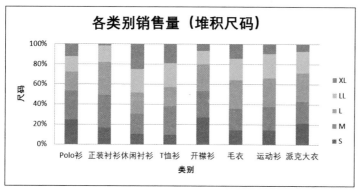

图6-21 **将grouping设置为percentStacked绘制100%堆积柱形图**

如此设置，就可以绘制出各尺码销售数量的百分比堆积柱形图。

绘制折线图

使用折线图（Line Chart）可以看出每月Polo衫、T恤衫等商品销售数量的变化情况，并且能够同时与其他商品分类进行比较。以下就是绘制折线图的line_chart.py。

代码6-3 **折线图绘制line_chart.py**

```
1   import openpyxl
2   from openpyxl.chart import LineChart, Reference
3
4   wb = openpyxl.load_workbook("..\data\line_chart.
    xlsx")
5   sh = wb.active
6
7   data = Reference(sh, min_col=2, max_col=9, min_
    row=1, max_row=sh.max_row)
8   labels = Reference(sh, min_col=1, min_row=2, max_
    row=sh.max_row)
```

```
 9
10    chart = LineChart()
11    chart.title = "月销售量"
12    chart.y_axis.title = "销售数量"
13    chart.add_data(data, titles_from_data=True)
14    chart.set_categories(labels)
15
16    sh.add_chart(chart, "A9")
17    wb.save("..\data\line_chart.xlsx")
```

　　绘制折线图需要使用LineChart类。用Reference类设置引用区域的
方法与BarChart类相同。折线图的引用区域如图6-22所示。

图6-22　折线图的引用区域

　　使用该数据执行程序之后，效果如图6-23所示。

图6-23　由line_chart.py绘制的折线图

　　第7行在定义数据的引用区域时，包括了原始数据第1行的表头部分，再加上第13行的add_data方法中设置了titles_from_data=True，因此，Polo衫、正装衬衫等商品分类才会成为图例。

绘制面积图

　　面积图（Area Chart）同时拥有堆积柱形图和折线图的特点，其绘制代码如下。

代码6-4　面积图绘制area_chart.py

```
1   import openpyxl
2   from openpyxl.chart import AreaChart, Reference
3
4   wb = openpyxl.load_workbook(r"..\data\area_chart.
    xlsx")
```

```
5   sh = wb.active
6
7   data = Reference(sh, min_col=3, max_col=7, min_
    row=1, max_row=sh.max_row)
8   labels = Reference(sh, min_col=2, max_col=2, min_
    row=2, max_row=sh.max_row)
9   chart = AreaChart()
10  chart.grouping = "stacked"
11  chart.title = "各类别销售量（堆积尺码）"
12  chart.x_axis.title = "类别"
13  chart.y_axis.title = "尺码"
14  chart.add_data(data, titles_from_data=True)
15  chart.set_categories(labels)
16
17  sh.add_chart(chart, "I2")
18  wb.save(r"..\data\area_chart.xlsx")
```

绘制面积图需要使用AreaChart类。在第10行代码中，将chart的grouping设置为stacked，就能绘制出堆积面积图。

如果这里设置为percentStacked，就能绘制出100%堆积面积图，更容易查看数据的构成比例。可以看出grouping的设置与堆积柱形图相同。

原始数据第一行表头部分的数据已经包含在引用区域中，并且add_data方法中也设置了titles_from_data=True，所以S、M、L、LL、XL会作为图例使用。商品的类别名称是分类。

利用Reference类设置引用区域的方法，与BarChart或是LineChart等其他类比较，基本没有变化，可以使用同样的流程进行处理。

图6-24是将数据交给area_chart.py进行处理的引用区域。

图6-24　面积图的引用区域

生成的图表，如图6-25所示。

图6-25　由area_chart.py绘制的面积图

绘制饼图

绘制饼图（Pie Chart）时会使用PieChart类，饼图的绘制流程见代码6-5。

代码6-5　饼图绘制easy_pie_chart.py

```
1   import openpyxl
2   from openpyxl.chart import PieChart, Reference
3
4   wb = openpyxl.load_workbook("..\data\pie_chart.
    xlsx")
```

```
5   sh = wb.active
6
7   data = Reference(sh, min_col=2, min_row=1, max_
    row=sh.max_row)
8   labels = Reference(sh, min_col=1, min_row=2, max_
    row=sh.max_row)
9
10  chart = PieChart()
11  chart.title = "各部门销售额"
12  chart.add_data(data, titles_from_data=True)
13  chart.set_categories(labels)
14
15  sh.add_chart(chart, "D3")
16  wb.save("..\data\pie_chart.xlsx")
```

通过Reference类设置引用区域的方法与之前相同。饼图中会把A列的Women、Men和Kids作为图例使用。

绘制饼图的原始数据，如图6-26所示。

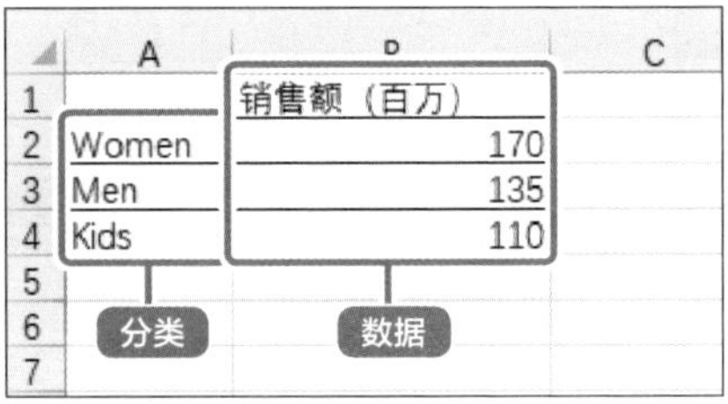

图6-26　饼图的引用区域

以上数据经过easy_pie_chart.py的处理之后，就绘制出饼图，如图6-27所示。

图6-27 由easy_pie_chart.py绘制的饼图

接下来，像本章最开始在图6-9所介绍的饼图那样，把第一个扇区
（Women）分离出去，绘制一个稍作修饰的图表吧。

代码6-6 经过数据分离改造的pie_chart.py

```
1  import openpyxl
2  from openpyxl.chart import PieChart, Reference
3  from openpyxl.chart.series import DataPoint
4
5  wb = openpyxl.load_workbook("..\data\pie_chart.
   xlsx")
6  sh = wb.active
7
8  data = Reference(sh, min_col=2, min_row=1, max_
   row=sh.max_row)
9  labels = Reference(sh, min_col=1, min_row=2, max_
   row=sh.max_row)
10
11  chart = PieChart()
```

```
12    chart.title = "各部门销售额"
13    chart.add_data(data, titles_from_data=True)
14    chart.set_categories(labels)
15
16    slice = DataPoint(idx=0, explosion=10)
17    chart.series[0].data_points = [slice]
18
19    sh.add_chart(chart, "D3")
20    wb.save("..\data\pie_chart.xlsx")
```

可以看到载入时还从openpyxl.chart.series中加载了DataPoint类
（第3行），这是因为要在饼图中进行扇区分离，需要依靠DataPoint类。

调用DataPoint类的代码在第16行。第1参数idx是分离扇区的索引，
第2参数explosion则设置了分离的程度。饼图的效果如图6-28所示。

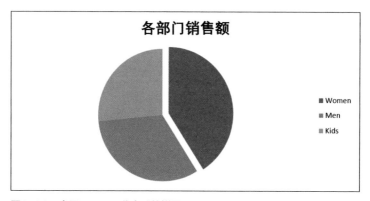

图6-28　扇区Women分离后的饼图

可见第1块扇区被分离出去，当然这部分就是Women部门的扇区。
若将第16行代码修改为以下代码。

```
slice = DataPoint(idx=2, explosion=30)
```

其饼图如图6-29所示。

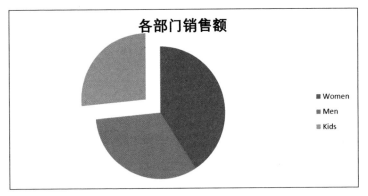

图6-29 **第3块扇区分离后的饼图**

第3块扇区（表示Kids的数据）会分离，并且距离会更远一些。

绘制雷达图

绘制雷达图（Radar Chart）时会用到RadarChart类。

代码6-7 **雷达图绘制radar_chart.py**

```python
1  import openpyxl
2  from openpyxl.chart import RadarChart, Reference
3
4  wb = openpyxl.load_workbook(r"..\data\radar_
   chart.xlsx")
5  sh = wb.active
6
7  data = Reference(sh, min_col=2, max_col=4, min_
   row=1, max_row=sh.max_row)
8  labels = Reference(sh, min_col=1, min_row=2, max_
   row=sh.max_row)
9
```

```
10    chart = RadarChart()
11    chart.title = "各部门销售额"
12    chart.add_data(data, titles_from_data=True)
13    chart.set_categories(labels)
14
15    sh.add_chart(chart, "F2")
16    wb.save(r"..\data\radar_chart.xlsx")
```

Reference类设置引用区域的方式与之前相同, data从原始数据第1行开始引用, labels则是从第2行开始。当然, add_data方法也同样设置了titles_from_data=True, 将原始数据的第1行作为图例。绘制图表所使用的数据, 与之前介绍雷达图时的图6-10中所包含数据相同, 如图6-30所示。

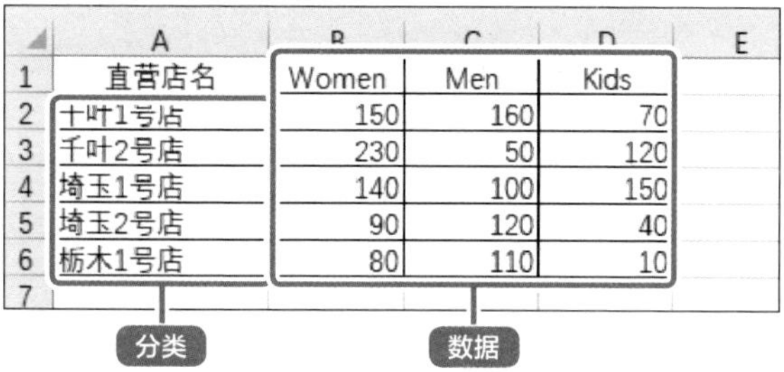

图6-30　雷达图的数据范围(与图6-10中数据相同)

执行rader_chart.py之后, 将绘制出图6-31的图表效果。

200

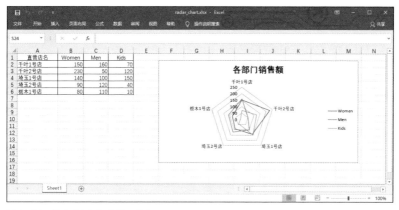

图6-31　执行程序之后的工作表

在雷达图中，数值越大，距离中心就会越远，相邻点之间连线所形成图的面积也就越大。另外，各数据间的平衡越好，形成的图形就会越接近正多边形。本例中，每家直营店的各部门之间数据比较平均，因此图形看起来才会近似正多边形。虽然总体来说Women部门的数值较高，但大体上都是相对比较平衡的形状。

本例中雷达图的类型使用了默认值，效果为图6-31的线型，如果在第13行之后添加以下代码。

```
chart.type = "filled"
```

在代码中，设置type为filled，就可以对多边形的内部进行填充。

绘制气泡图

气泡图（Bubble Chart）能在二维图表上依靠气泡的大小展现额外的数据，再通过气泡与X轴、Y轴数值之间的比较进行数据分析。首先请查看程序代码。

代码6-8 **气泡图绘制easy_bubble_chart.py**

```python
import openpyxl
from openpyxl.chart import Series, Reference,
BubbleChart

wb = openpyxl.load_workbook(r"..\data\bubble_
chart.xlsx")
sh = wb.active

chart = BubbleChart()
chart.style = 18
xvalues = Reference(sh, min_col=3, min_row=2,
max_row=sh.max_row)
yvalues = Reference(sh, min_col=2, min_row=2,
max_row=sh.max_row)
size = Reference(sh, min_col=4, min_row=2, max_
row=sh.max_row)
series = Series(values=yvalues, xvalues=xvalues,
zvalues=size)
chart.series.append(series)

sh.add_chart(chart, "F2")
wb.save(r"..\data\bubble_chart.xlsx")
```

在第9~11行的代码中，生成了X轴、Y轴数值以及气泡大小（size）的Reference对象，然后再整合到Series对象中，并将其添加（append）到chart的series内。通过这个方法就能绘制出简单的气泡图。

但是通过以上方法绘制出的气泡图仅包含1个系列（Series），如图6-32所示。

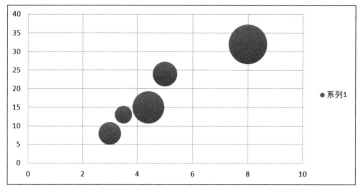

图6-32 仅有1个系列的气泡图

　　如果不划分系列就会出现以上这种情况，气泡的颜色全都一样，无法
进行数据之间的区分。如果每种数据都手动编写为一个系列（Series），
气泡颜色肯定会随着各系列自动发生改变，但是这样会失去程序化的优势。

　　若想要制作成图6-13的效果，每种店铺都拥有不同颜色的气泡，并且
使用店铺名作为图例，就需要修改代码6-8，修改后代码如下。

代码6-9　处理多个系列的bubble_chart.py

```
1    import openpyxl
2    from openpyxl.chart import Series, Reference,
     BubbleChart
3
4    wb = openpyxl.load_workbook(r"..\data\bubble_
     chart.xlsx")
5    sh = wb.active
6
7    chart = BubbleChart()
8    chart.style = 18
9    for row in range(2,sh.max_row+1):
10   ├──── xvalues = Reference(sh, min_col=3, min_
     row=row)
```

```
11  ├──→ yvalues = Reference(sh, min_col=2, min_
         row=row)
12  ├──→ size = Reference(sh, min_col=4, min_row=row)
13  ├──→ series = Series(values=yvalues,
         xvalues=xvalues, zvalues=size, title=sh.
         cell(row,1).value)
14  ├──→ chart.series.append(series)
15
16  sh.add_chart(chart, "F2")
17  wb.save(r"..\data\bubble_chart.xlsx")
```

此气泡图的绘制程序中，第9行代码for in语句结合range()函数，从工作表第2行开始逐行生成Series对象（第13行），并在for循环的最后，将其添加（append）到chart对象的series内（第14行）。

正是因为经过了这些处理，执行该程序之后，气泡图的效果如图6-33所示。

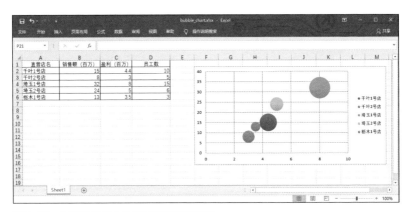

图6-33　各行数据划分为不同系列的气泡图

最后，整理一下Chart、Series和Reference之间的关系，如图6-34所示。

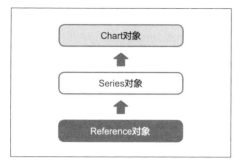

图6-34　Chart、Series和Reference之间的关系

　　即使不用特别在意Series对象也能绘制出图表，但这3种对象全都是在Python中绘制图表时作为基础的对象。以气泡图绘制的程序为例，Chart对象是用于绘制图表的最终对象（代码6-9第16行），Series对象构成了Chart对象（同第14行），而Series对象则是由Reference对象所构成的（同第13行）[1]。

■■■■■■■■■■■■■■■■■■■■■■■■■■■■

坪根　"小千岳，好厉害哦！使用Python可以这么方便地绘制图表啊！真是太谢谢你了。"

千岳　"能帮上您的忙，我也很开心。"

坪根　"对了，小千岳周五晚上有空吗？要好好感谢你一下才行，一起去吃顿饭怎么样？"

千岳　"很感谢您的邀请，但是周五晚上我还有编程的学习会要参加……"

---

① 根据代码6-9的内容，Reference对象是在第10~12行定义的。

千岳开始有些慌张。

千岳 "坪根前辈，比起一起吃饭，请听我说明一下运行程序的方法吧。"

坪根 "哎呀，不用啦。小千岳每个月都过来帮忙做一下图表就好啦，我可是很欢迎你的哦！"

千岳 "总之，请让我对程序进行说明吧。"

∙ ∙

执行已经完成编码的程序

按照本书介绍的方法编写Python程序时，会安装Python3以及Visual Studio Code。在第1章中已经介绍过，Visual Studio Code不仅可以编写代码，同时也能够执行代码，这点想必各位读者都已经知道了。

但是，对于不打算自行编写程序的人来说，只是运用别人已经编写好的程序，并不需要安装Visual Studio Code，只要安装Python3就可以执行Python程序。在本书设想的情形中，千岳及麻美正在学习Python编程，当然会用Visual Studio Code，而坪根则是使用千岳所编写的程序。所以对于坪根来说，只要在自己的计算机里装上Python3就可以了。

按照第1章介绍的流程安装Python3，不仅会有提供执行环境的Python解释器，也会安装Python IDLE。使用Python IDLE就可以执行Python程序。

启动Python IDLE只需要在开始菜单中打开Python 3[2]文件夹，选择IDLE（Python 3.8 64-bit）[3]。接着就会弹出标题为Python 3.8.5 Shell[4]

---

② 本文及图片中的3.8会根据环境而有所变化。

③ 64-bit根据环境的不同也可能为32-bit。

④ 文本及图片中的3.8.5会根据环境而有所变化。

的窗口[5]。然后在File菜单下选择Open命令，如图6-35所示。

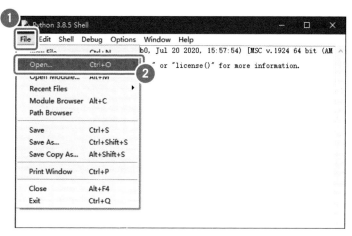

图6-35 从Python IDLE的File菜单中选择Open命令

在"打开"对话框中会显示可运行的文件，选择要执行的程序（.py文件）读取。接着会打开新窗口显示程序的代码[6]。选择Run菜单下的Run Module命令执行程序，如图6-36所示。

---

⑤ 该窗口亦称为"Shell窗口"。

⑥ 该窗口也称为"代码窗口"。

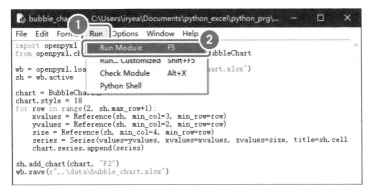

图6-36 读取程序之后，选择Run菜单中的Run Module（F5）命令执行程序

使用F5功能键同样能够执行程序。

因为Python程序只要有解释器就可以执行，所以就算不使用Python IDLE也可以运行。那么接下来就看看如何使用Windows PowerShell命令提示符来运行Python程序。

接下来介绍Windows PowerShell的使用方法。先通过文件资源管理器打开保存程序的文件夹。从文件资源管理器的"文件"标签（菜单）下，依次选择"打开Windows PowerShell"→"打开Windows PowerShell"命令，启动Windows PowerShell，如图6-37所示。

图6-37　在文件资源管理器中打开待运行程序所在文件夹，从文件菜单启动Windows PowerShell

启动Windows PowerShell之后，在提示符右侧输入以下代码。

```
python 待执行程序名.py
```

之后按下Enter键，就会执行程序，如图6-38所示。

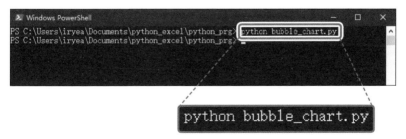

```
python bubble_chart.py
```

图6-38　执行bubble_chart.py的指令示例

另外，如果是按照第1章的流程进行安装，同时也会安装py launcher。

```
py 待执行程序名.py
```

输入上述代码，同样可以执行程序，如图6-39所示。

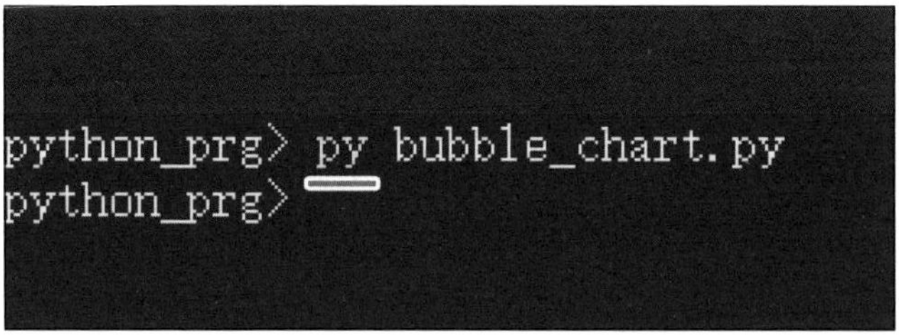

图6-39　通过py bubble_chart.py也可以执行程序

第 7 章

PDF的转换与加工

千岳
去见社长了

安井　"喂，千岳，社长刚才打电话过来，让你现在去一趟社长室。是闯什么祸了吗？总之赶紧过去道歉。"

总务科的安井科长脸色铁青。

（为什么会被社长叫过去啊？难道是因为，拒绝了坪根前辈的邀请，被说了什么坏话吗？不不，不会有这种事情的。）

千岳战战兢兢地来到社长室。

千岳　"社长您好，我是总务的千田岳。是您叫我吗？"

社长　"没错，进来吧。"

进公司已经第5年的千岳，还是第一次跟社长单独谈话。

社长　"你就是千岳啊，听说你帮忙完成了很多RPA的工作，来坐下聊聊。"

千岳　"社长，我有点不太明白，请问RPA指的是什么啊？我只是运用Python编程语言对业务进行了一些小的优化而已。"

社长　"嗯？千岳不知道RPA是什么吗？Robotic Process Automation（机器人流程自动化），简称RPA，用于对办公（white-color）业务进行效率化以及自动化。本来还以为你很了解，所以才做这些事情呢。"

千岳　"不是的，我只是觉得工作中的有些操作很麻烦，想着能不能做点什么才编写程序，没有考虑那么深刻。"

社长　"哦？是草根RPA嘛。现在工厂已经进行了效率化，反而是办公的日常业务至今还没有进行效率化。"

千岳 "原来是这样的吗，抱歉我才疏学浅了。"

社长 "这没什么，那么千岳，公司内部还有没有什么地方能够进行效率化呢？"

千岳 "嗯，比如交货单、订单以及新商品传单等的邮寄，不仅要花邮费，折叠起来塞进信封也很麻烦。"

社长 "的确，那么要如何应对呢，千岳？"

千岳 "我认为更好的方式是制作成PDF之后通过邮件发送。"

社长 "嗯，很不错。就任命你为总务科的RPA负责人了，要好好做哦，我对你抱有很大的期望呢，千岳。"

回到总务科的千岳，被焦急等待的安井科长追问。

安井 "千岳，社长怎么说的？是因为什么生气了吗？"

千岳 "只是任命我为RPA的负责人而已。"

安井 "啊，是这样吗，总之千岳你没有被炒鱿鱼就好。话说RPA是什么？"

- -

　　千岳从社长那边听到了新的词汇，带着疑惑回来了。但是，能够发现订单、传单的寄送业务尚有效率化的余地，可以说眼光相当犀利！

　　毫无疑问，Python在这方面也能够发挥作用。将文件输出为PDF代替直接打印的做法，可以省去折进信封再邮寄的工夫。本章将会尽可能缩减人工操作步骤，通过程序达到工作的自动化。

01 | 将Excel文件转换为PDF的程序

本章先介绍将Excel交货单转换为PDF的程序。如果直接把Excel交货单通过邮件发送出去，数据可能会出现不正确的变更，所以需要转换为PDF（Portable Document Format）格式。

先说明一下示例程序中使用的Excel文件。

data/sales文件夹中存放各负责人出货单工作簿（.xlsx），出货单工作簿中包含多张工作表，每张工作表里存有1张出货单。

在Python中使用COM操作Excel

与之前章节不同，本章将会提前说明示例程序所使用的技术。首先是关于在Python中通过COM对Excel进行操作的方法，需要使用Python Win32 Extensions（win32com包）。

在此之前需要先说明COM到底是什么。COM是组件对象模型（Component Object Model）的缩写，是面向对象的程序模型之一。程序是由独立进行处理的软件、组件所构成的。

从程序的角度来看，COM是软件中的一个零件。其不再限定于特定的程序语言，各种语言均可进行调用，是微软于20世纪90年代后期制定的技术规范。因此，在这之后诞生的Python当然也能够使用COM。

COM对如何将对象配置在存储器中以及属性与方法的调用，制定了各种规范，并将其全部公开。所以，遵从COM规范的零件，也就是COM组件能够被各种语言调用。

可以说Excel VBA所做的事情，也就是用VBA语言操作Excel的COM对象。

安装win32com包

想要在Python中运用COM，需要预先安装win32com包，即Python Win32 Extensions。接下来将会介绍其安装方法。

先从GitHub网站https://github.com/mhammond/pywin32/releases上下载Python Win32 Extensions。

接着选择对应自己计算机中所安装Python版本的exe文件进行下载。最新的Release版本为228，如图7-1所示。

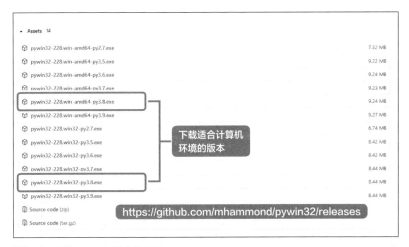

图7-1　**最新release版本为228**

可以看到，同一个Python版本所对应的Release228却有两种不同的文件，使用其中的哪一种则是根据计算机CPU是64位还是32位来决定。在第1章中安装Python时同样也进行过64或32位的版本选择，这里请选择与当时相同位数的版本。本书所使用的环境中安装的是64位Python3.8.5，所以这里需要选择下载pywin32-228.win-amd64-py3.8.exe[1]。

---

[1] 已安装Python3.8的情况下，需下载pywin32-228.win-amd64-py3.8.exe。

下载完成后找到pywin32-开头的exe文件[2]，双击文件即可启动安装程序。

根据计算机各自不同的设置情况，可能会弹出Windows Defender的保护提示，请单击"更多信息"，如图7-2所示。

图7-2　开始安装之后紧接着出现WindowsDefender保护提示

再单击"仍要运行"按钮。

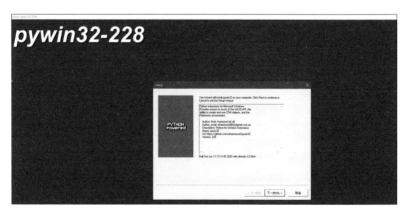

图7-3　pywin32的安装向导

② 后缀名为exe的文件是可执行文件。

弹出安装向导窗口后，单击"下一步"按钮，如图7-3所示。

图7-4对话框中，显示的是Python所在路径，以及Python Win32 Extensions的安装路径。如果安装多个Python，请在这里确认目录名是否为希望使用的Python版本。

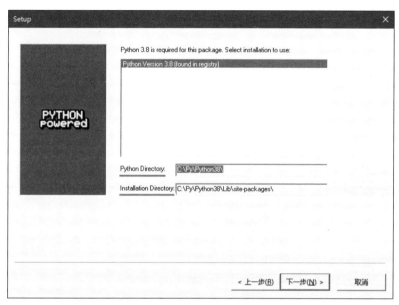

图7-4　确认Python Directory以及Installation Directory

之后只需要一直单击"下一步"按钮，进行安装。

为了确认已经正确完成安装，启动Python IDLE进行验证吧。

在Python IDLE中加载win32com的client包，如果没有报错，则说明安装成功了，如图7-5所示。

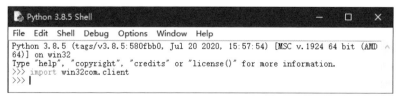

图7-5　确认代码import win32com.client是否出现错误提示

整合多份货单进行PDF转换

准备就绪后，来看看将Excel交货单转换为PDF的程序sales_slip2pdf
.py吧。这个程序除了指定数据的读取路径外，不需要再进行任何修改，直接运行该程序，在任何计算机中都可以将Excel数据转换为PDF格式。

代码7-1　将Excel数据转换为PDF格式的sales_slip2pdf.py

```
1    import pathlib
2    import openpyxl
3    from win32com import client
4
5    path = pathlib.Path("..\data\sales")
6
7    xlApp = client.Dispatch("Excel.Application")
8    for pass_obj in path.iterdir():
9        if pass_obj.match("*.xlsx"):
10           book = xlApp.workbooks.open(str(pass_obj.
                 resolve()))
11           for sheet in book.Worksheets:
12               slip_no = str(int(sheet.Range("G2").
                     value))
13               file_name = slip_no + ".pdf"
14               pdf_path = path / "pdf" / file_name
15               sheet.ExportAsFixedFormat(0, str(pdf_
                     path.resolve()))
16           book.Close()
17   xlApp.Quit()
```

先请查看第3行代码，这里加载了win32com中的client包。

第5行代码中设置了读取数据的路径。Excel交货单在\data\sales文件夹中，把相对路径作为参数传入pathlib.Path生成Path对象。在第3章中，分析由交货单生成销售明细清单的程序sales_slip2csv.py时，已经说明过Path对象的使用方法，请务必复习一下相关内容。

第7行代码如下。

```
xlApp = client.Dispatch("Excel.Application")
```

之后就可以利用xlApp对象变量调用Excel VBA，从而对Excel进行操作。Python是泛用性编程语言，所以能够实现很多Excel VBA无法实现的功能。另一方面，想要使用Excel所拥有的全部功能时，事实上还是存在只有VBA才能够做到的部分。因此在sales_slip2pdf.py中也使用了VBA的代码。如果是对VBA有一定了解的人，可以说是一种相当好用的方法。

第8行的for语句中，将文件夹中的文件及文件夹作为path对象，通过path.iterdir()反复进行获取，并执行循环中的处理流程。

第9行if语句中的pass_obj.match()，会把传入的参数作为样本与当前path进行比较，如果相同就返回True，不同则返回False。因此，后缀名为xlsx的Excel文件在第9行会返回True，然后跳转到第10行开始执行之后的处理步骤。换言之，这是一种"在文件夹中找出Excel文件，并执行下方处理步骤"的操作。

接着在第10行中，使用VBA代码workbooks.open()打开Excel文件（工作簿）。因为workbooks.open()的参数必须为绝对路径，所以需要使用pass_obj.resolve()方法，并且还利用str()函数把结果转换成字符串。另外，代码7-1中标注为绿色的代码行，均为VBA所使用的代码。

Path对象的resolve方法能够返回绝对路径。以本书的示例程序来说明，第5行显示为..\data\sales\1001.xlsx，转换之后则变为C:\Users\（账户名）\Documents\Excel_python\07\ data\sales\1001.xlsx[3]，路径的表达方式会发生改变。

---

③ 绝对路径在不同的环境下会有所改变。

最终获得的结果会在第10行中作为工作簿对象赋值给变量book，代码如下。

```
book = xlApp.workbooks.open(str(pass_obj.resolve()))
```

接下来是第11行的for语句，会循环检索工作簿对象的Worksheets集合，并获取其中的工作表。

第12行依然是VBA代码，请对照交货单的内容进行查看，如图7-6所示。

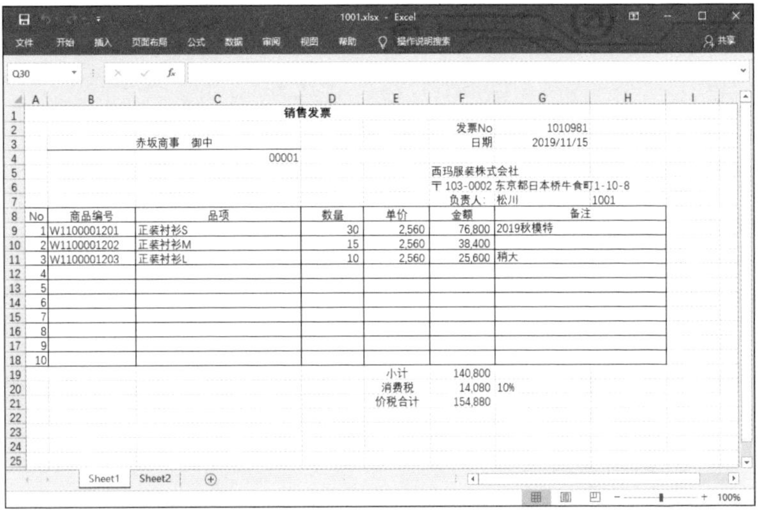

图7-6　交货单（销售发票）

第12行代码sheet.Range("G2").value会获取发票编号[④]。得到发票编号通过int()函数变为整数，再经过str()函数转为字符串，最后拼接上.pdf作为文件名（第13行）。

[④] 对应交货单数据上的"发票No"项。

接着构建输出路径\data\sales\pdf文件夹。在原始数据的文件夹内建立名为pdf的文件夹，作为输出PDF文件的地点。

程序在此时已经拥有原始数据的路径，再添加部分内容就可以作为文件保存用的路径。这里使用Path对象的/运算符，可以很简单地拼接路径。第14行代码如下。

```
path / "pdf" / file_name
```

该行代码通过/运算符把Path对象变量path拼接上子文件夹pdf和file_name，可以生成相对路径..\data\sales\pdf\1010981.pdf。

利用resolve()将相对路径转变为绝对路径之后，作为工作表ExportAsFixedFormat方法的第2参数使用（第15行），第1参数的0代表PDF格式。

执行程序会在..\data\sales\pdf文件夹中创建出PDF文件，如图7-7所示。

图7-7　在"..\data\sales\pdf"文件夹中生成数个PDF文件

双击即可打开PDF格式的文件并查看数据，例如打开1010981.pdf文件，如图7-8所示。

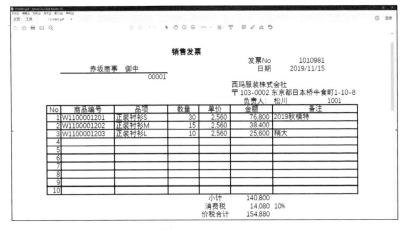

图7-8　**查看1010981.pdf验证数据**

　　最后还要使用book.Close()关闭工作簿（第16行），并通过xlApp.Quit()终止COM对象的操作（第17行）。

　　使用win32com操作Excel COM对象的方法已经介绍完毕，感觉如何呢？无论是工作簿或工作表，在Python中使用openpyxl库控制Excel的代码，与利用range的VBA代码相比还是有所区别的，不过依然可以看到两者之间的相似之处。VBA与Python同为面向对象的编程语言，在体验VBA时获得的经验，同样会对Python的学习提供帮助。

通过Python程序进行排版并转换为PDF格式

　　下面再对制作PDF文件进行一些更详细的说明。

　　虽然利用Excel自身的功能，就可以把Excel工作表转换为PDF格式，但有的时候并不希望直接进行转换，而是经过加工之后再将Excel工作表转换为PDF格式。举个例子，依照顾客数据源为每位客户定制文书时就是如此。

　　此处并不会使用VBA来处理从Excel中读取到的数据，而是利用名为ReportLab的库，让PDF文件经过编辑之后再输出。

　　在使用ReportLab之前，需要先在Visual Studio Code终端中执行

pip install reportlab安装库[⑤]，与之前章节中介绍的外部库安装方式相同，如图7-9所示。

Reference类生成data对象和labels对象。正是这些Reference对象表示了"哪些单元格区域作为数据源"。

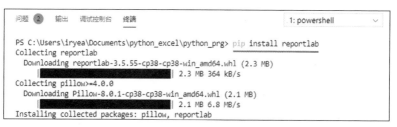

图7-9　**安装ReportLab**

那么，就来制作重要客户销售会邀请函的PDF文件吧。

在Excel文件"客户名册.xlsx"中包含"收件人"工作表，收录在其中的即为客户数据源。B列是客户公司名，C列则是负责人姓名，如图7-10所示。将两者组合起来，再结合其他Excel数据进行加工，最后生成每位客户的销售会邀请函PDF文件。

---

⑤ 本书校对完成时，已确认最新版的Python 3.8在使用reportLab时不会发生问题。若您的环境中出现了错误，请考虑重新安装Python 3.7.x。

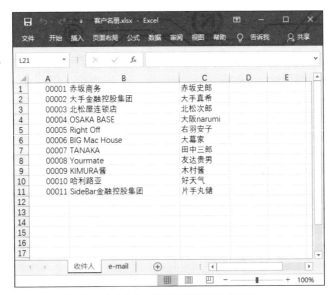

图7-10　客户名册的客户名工作页中记录的客户信息

用作销售会邀请函文本的数据也准备在Excel中。A列是项目名，B列则为具体内容，另外，邀请函正文包含多行数据，如图7-11所示。每位客户均会根据该邀请函文本创建PDF文件。

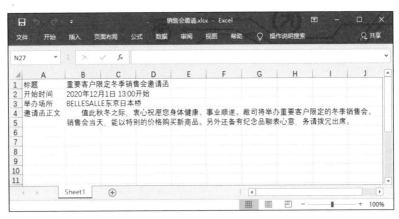

图7-11　保存在Excel中的销售会邀请函文本

使用客户名册文件中客户名工作簿里的客户名称及负责人姓名，再结合销售会邀请文件中的销售会信息，编辑PDF文件并进行保存，如图7-12所示。

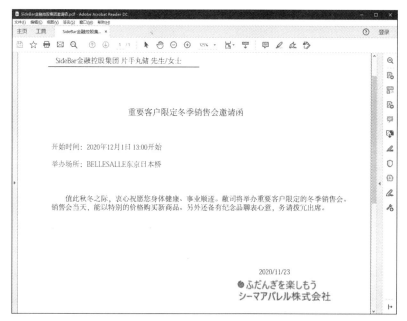

图7-12 **完成的销售会邀请函PDF**

图7-13为生成在PDF文件夹中的效果，是以客户名称作为文件名一部分的PDF文件。

图7-13 保存在PDF文件夹中的PDF文件

接下来一起来看看程序代码吧。

代码7-2 自动生成邀请函sale_information.py

```
1   from reportlab.pdfgen import canvas
2   from reportlab.lib.pagesizes import A4, portrait
3   from reportlab.pdfbase import pdfmetrics
4   from reportlab.pdfbase.cidfonts import
    UnicodeCIDFont
5   from reportlab.lib.units import cm
6   import openpyxl
7   import pathlib
8   import datetime
9   from PIL import Image
10
11  def load_informatiom():
12  ├──→ wb = openpyxl.load_workbook("..\data\销售会邀
         请.xlsx")
13  ├──→ sh = wb.active
14  ├──→ sale_dict = {}
15  ├──→ for row in range(1, sh.max_row + 1):
```

```
16  ┆──→┆──→ if sh.cell(row,1).value == "邀请函正文":
17  ┆──→┆──→┆── info_list = [sh.cell(row,2).value]
18  ┆──→┆──→┆── for info_row in range(row + 1 ,
                sh.max_row + 1):
19  ┆──→┆──→┆──→┆── info_list.append(sh.cell(info_
                row,2).value)
20  ┆──→┆──→┆── sale_dict.setdefault("邀请函正文",
                info_list)
21  ┆──→┆── elif sh.cell(row,1).value is not None:
22  ┆──→┆──→┆── sale_dict.setdefault(sh.cell(row,1).
                value, sh.cell(row,2).value)
23  ┆──→ return sale_dict
24
25
26  sale_dict = load_informatiom()
27  path = pathlib.Path("..\data\sales\pdf")
28  wb = openpyxl.load_workbook("..\data\客户名
    册.xlsx")
29  sh = wb["收件人"]
30  for row in range(1, sh.max_row + 1):
31  ┆── file_name = (sh.cell(row,2).value) + "邀请
        函.pdf"
32  ┆── out_path =  path / file_name
33  ┆── cv = canvas.Canvas(str(out_path),
        pagesize=portrait(A4))
34  ┆── cv.setTitle("销售会邀请函")
35  ┆── pdfmetrics.registerFont(UnicodeCIDFont("STSo
        ng-Light"))
36  ┆── cv.setFont("STSong-Light", 12)
37  ┆── cv.drawCentredString(6*cm, 27*cm,
        sh.cell(row,2).value + " " \
38  ┆──→┆── + sh.cell(row,3).value + "先生/女士")
```

```
39  ├──→ cv.line(1.8*cm, 26.8*cm,10.8*cm,26.8*cm)
40  ├──→ cv.setFont("STSong-Light", 14)
41  ├──→ cv.drawCentredString(10*cm, 24*cm, sale_
         dict["标题"])
42  ├──→ cv.setFont("STSong-Light", 12)
43  ├──→ cv.drawString(2*cm, 22*cm, "开始时间: " + sale_
         dict["开始时间"])
44  ├──→ cv.drawString(2*cm, 21*cm, "举办场所: " + sale_
         dict["举办场所"])
45
46  ├──→ textobject = cv.beginText()
47  ├──→ textobject.setTextOrigin(2*cm, 19*cm,)
48  ├──→ textobject.setFont("STSong-Light", 12)
49  ├──→ for line in sale_dict["邀请函正文"]:
50  ├──→├──→ textobject.textOut(line)
51  ├──→├──→ textobject.moveCursor(0,14)
52
53  ├──→ cv.drawText(textobject)
54  ├──→ now = datetime.datetime.now()
55  ├──→ cv.drawString(14.4*cm, 14.8*cm, now.
         strftime("%Y/%m/%d"))
56  ├──→ image =Image.open("..\data\logo.png")
57  ├──→ cv.drawInlineImage(image,13*cm,13*cm)
58  ├──→ cv.showPage()
59  ├──→ cv.save()
```

　　虽然这个程序看起来比之前介绍过的程序要更长一些，但大部分都是Reportlab在制作PDF时设置字体等操作的代码，并不会很困难。比起Reportlab库的使用方法，请多加注意在处理Excel中销售会邀请函的内容时，灵活运用字典、列表的方法。话虽如此，作为具有代表性的PDF文档制作库，Reportlab另外还有付费的版本，学会其使用方法是没有什么坏处的。

先是第1行到第9行的代码，其中有不少是在加载reportlab中各类的包。第1行载入的canvas用于描绘文字或图形。第2行的A4和portrait则是与纸张设置相关的库，在程序中用来设置canvas的纸张方向及大小。

第3~4行的pdfmetrics和UnicodeCIDFont会在设置字体时使用。载入cm之后可以通过单位cm（厘米）来设定位置（第5行）。

因为需要在程序中获取日期，所以第8行加载了datetime模块。另外，为了能够处理图像，还从图像库PIL中加载了Image（第9行）。

第11行中def load_informatiom():定义了自定义函数load_informa-tiom()。该函数会从记录信息的Excel文件"销售会邀请.xlsx"中读取销售会邀请函的内容，存入字典之后再通过return语句返回。

如果程序的代码比较多，像这样进行函数的定义，不仅可以提升程序的可阅读性，而且对于那些整合在一起看起来相当复杂的处理流程，把代码划分为具有单一功能的函数之后，只需要简单地按照流程拼接起来，就可以组合出程序。

那么就一起来看看load_informatiom()函数的代码吧。

```
11   def load_informatiom():
12   ├─── wb = openpyxl.load_workbook("..\data\销售会邀
         请.xlsx")
13   ├─── sh = wb.active
14   ├─── sale_dict = {}
15   ├─── for row in range(1, sh.max_row + 1):
16   ├───├─── if sh.cell(row,1).value == "邀请函正文":
17   ├───├───├─── info_list = [sh.cell(row,2).value]
18   ├───├───├─── for info_row in range(row + 1 ,
             sh.max_row + 1):
19   ├───├───├───├─── info_list.append(sh.cell(info_
                 row,2).value)
20   ├───├───├─── sale_dict.setdefault("邀请函正文",
                 info_list)
21   ├───├─── elif sh.cell(row,1).value is not None:
```

```
22  ├──→├──→├──→ sale_dict.setdefault(sh.cell(row,1).
                  value, sh.cell(row,2).value)
23  ├──→ return sale_dict
```

第14行如下。

```
├──→ sale_dict = {}
```

该行代码定义了一个空字典。从第15行开始的for语句循环中，如果A
列的项目名是"邀请函正文"（第16行），就会执行如下代码。

```
├──→├──→├──→ info_list = [sh.cell(row,2).value]
```

即把B列的字符串存入列表变量info_list之中（第17行）。
因为邀请函的正文可能不止一行，所以第18行再次进入for循环，循环
范围的代码如下。

```
range(row + 1 , sh.max_row + 1)
```

该行代码从当前行的下一行开始，直到存有内容的最后一行为止，利
用列表的append方法，向info_list中添加邀请函正文第2行以后的内容。
处理完所有包含字符串的行之后，就可以执行第20行代码，将列表添加到
字典当中，代码如下。

```
├──→├──→├──→ sale_dict.setdefault("邀请函正文", info_list)
```

第21行elif语句，会处理A列项目名不为"邀请函正文"的情况（第21
行）。若单元格中没有内容，is None会返回结果True，所以使用以下代码
来确认其中是否存在项目名。

```
sh.cell(row,1).value is not None
```

此处设置elif语句，是为了处理邀请函正文第2行以后的内容时，能够
避免将其作为没有键的数据存入字典之中。经过确认以后，就可以安心使
用字典的setdefault方法，以A列的项目名为键，把B列的内容作为值存入
字典中了（第22行）。

接下来添加一点代码，使用print()函数输出sale_dict来确认其中数
据[6]。执行程序之后，可以看到字典中包含有如下所示的内容。

{'标题': '重要客户限定冬季销售会邀请函', '开始时间': '2020年12月
1日 13:00开始', '举办场所': 'BELLESALLE东京日本桥', '邀请函正
文': ['\u3000\u3000值此秋冬之际，衷心祝愿您身体健康、事业顺遂。敝
司将举办重要客户限定的冬季销售会。', '销售会当天，能以特别的价格购买
新商品。另外还备有纪念品聊表心意，务请拨冗出席。']}

键与值组成的元素所构成的字典里，列表也可以作为值存入其中。可
以看到在字典里面，键"邀请函正文"所对应的值就是列表。

最后使用return语句把字典返回到调用函数的地方（第23行）。在自
定义函数代码之后的那行，刚好也就是程序开始执行的地方。

第26行代码调用了函数load_informatiom()，代码如下。

---

[6] 可添加代码print(sale_dict)确认数据，程序执行完毕之后删除该代码。（译注：注意代码需
要添加在load_informatiom函数的for循环结束之后，才能看到完整内容）

```
sale_dict = load_informatiom()
```

接着利用pathlib.Path方法生成Path对象，在变量path中存放pdf文件的输出路径（第27行）。然后就开始"客户名册.xlsx"的处理流程。

在第29行中会选择需要进行处理的工作表。如果Excel工作簿中仅包含1张工作表，用代码wb.active就可以选择工作表，这个方法已经多次出现在之前章节的示例程序中。然而"客户名册.xlsx"中包含多张工作表，因此不能依靠wb.active进行选择。因为每张工作表都拥有各自的名称，那么使用下述代码，就能够根据工作表名称选择需要的工作表。

```
wb["收件人"]
```

从第30行开始的for循环，会进行每位客户的PDF文件制作。第31行代码如下。

```
31  ⊢──→ file_name = (sh.cell(row,2).value) + "邀请
             函.pdf"
32  ⊢──→ out_path =  path / file_name
```

该代码通过sh.cell(row, 2).value获取客户名，再与"邀请函.pdf"合并到一起。path使用/运算符拼接file_name，作为输出的路径out_path（第32行）。

从第33行代码开始PDF文件的制作。

```
33 ├──→ cv = canvas.Canvas(str(out_path),
         pagesize=portrait(A4))
34 ├──→ cv.setTitle("销售会邀请函")
35 ├──→ pdfmetrics.registerFont(UnicodeCIDFont("STSo
         ng-Light"))
```

第33行在生成Canvas对象时，第一个参数是通过str()函数转换为字符串的out_path，并且将参数pagesize设置为portrait(A4)。这样就生成了纵向A4的Canvas（画布）。

第34行setTitle方法设置的"销售会邀请函"，将会作为查看PDF文件属性时标题的内容。

第35行的pdfmetrics.registerFont方法可注册字体，这里用的STSong-Light是一种标准字体。当然，也可以使用字体文件注册其他字体。

如下第36行中利用setFont方法设置字体和字号。pdfmetrics.registerFont方法能够生成Font对象并进行注册，而setFont方法则是设置当前的字体及字号。

```
36 ├──→ cv.setFont("STSong-Light", 12)
37 ├──→ cv.drawCentredString(6*cm, 27*cm,
         sh.cell(row,2).value + " " \
38 ├──→├──→ + sh.cell(row,3).value + "先生/女士")
```

第37行使用drawCentredString方法在Canvas中描绘文字。参数从前往后分别为X轴位置、Y轴位置以及描绘的字符串。可以从drawCentredString的名字看出来，参数中设置的坐标，是指描绘字符串时其"中心"所在的位置。可以看到，这里是以下述代码的格式设置坐标。

```
6*cm, 27*cm
```

其中，6*cm是X轴坐标，27*cm是Y轴坐标，而*cm代表单位是厘米。客户名称+负责人姓名组成的字符串，其中心位置的X轴坐标为6*cm并不奇怪，但是Y轴坐标的27*cm可能会不太好理解，实际上这是由于Reportlab的坐标原点(0, 0)位于左下角，所以Y轴坐标的数值越大位置就越靠上。这一点与Excel中单元格引用的起点（左上角）不一致，需要转变一下定式思维，请多注意。

如下第39行代码调用line方法在客户名称+负责人姓名之下绘制线条。

```
├──→ cv.line(1.8*cm, 26.8*cm,10.8*cm,26.8*cm)
```

参数从左往右分别是x1、y1、x2、y2，其中y1、y2均为26.8*cm，与drawCentredString方法的参数（第37行）相比更小一些，所以意味着位置也更靠下。

接下来的第40~44行，从字典sale_dict中获取标题、举办时间等键所对应的值，并绘制字符串。

```
40  ├──→ cv.setFont("STSong-Light", 14)
41  ├──→ cv.drawCentredString(10*cm, 24*cm, sale_
           dict["标题"])
42  ├──→ cv.setFont("STSong-Light", 12)
43  ├──→ cv.drawString(2*cm, 22*cm, "开始时间: " + sale_
           dict["开始时间"])
44  ├──→ cv.drawString(2*cm, 21*cm, "举办场所: " + sale_
           dict["举办场所"])
```

第40~41行设置标题。字号为14，比其他文字稍微大一些（第40行），drawCentredString方法指定位置并进行描绘（第41行）。

接着在第43~44行使用drawString方法描绘举办时间和举办地点。与drawCentredString方法不同，drawString方法设置的X坐标（2*cm）是字符串左侧所在的位置。

之前描绘的标题、举办时间等内容，都是比较短的字符串数据。那么，包含数行且字数较多的文章，又应该如何进行描绘呢？这时就需要用beginText方法生成textobject。

```
46        textobject = cv.beginText()
47        textobject.setTextOrigin(2*cm, 19*cm,)
48        textobject.setFont("STSong-Light", 12)
49        for line in sale_dict["邀请函正文"]:
50            textobject.textOut(line)
51            textobject.moveCursor(0,14)
```

第47行利用setTextOrigin方法设置文章的起始点。第49行通过sale_dict["邀请函正文"]所获得的值为列表，将会作为for语句的循环范围。逐行获取该列表中的数据，再使用textOut方法输出变量line（第50行）。

第51行的moveCursor(0, 14)可能不好理解。传入的参数x和y是偏移量，X轴方向不需要移动，所以第1个参数是0，y的偏移量为正整数14，因此文章会向下方进行移动，也就形成了行间距。需要注意此处坐标的变化情况，与之前介绍的ReportLab刚好相反。

因为第48行设置的字号是12，所以偏移量为14，这样行之间可以留出一点空白。如果使用自己的数据制作程序，请在编码的时候调整尺寸及偏移量，尝试各种数字试验出刚刚好的组合。

从第53行开始描绘了之前生成的textobject以及其他内容。

```
53        cv.drawText(textobject)
```

```
54  ┠──→  now = datetime.datetime.now()
55  ┠──→  cv.drawString(14.4*cm, 14.8*cm, now.
           strftime("%Y/%m/%d"))
56  ┠──→  image =Image.open("..\data\logo.png")
57  ┠──→  cv.drawInlineImage(image,13*cm,13*cm)
58  ┠──→  cv.showPage()
59  ┠──→  cv.save()
```

上个代码块中生成的textobject，利用drawText进行描绘（第53行）。

第54行的datetime.datetime.now()依靠datetime模块获取当前的日期，然后赋值给变量now。使用Python的标准库datetime，可以进行时间（日期与时间）相关的处理。

datetime对象可由strftime方法转换为指定格式的字符串。在示例程序中，使用下述代码的格式描绘出制作日期。

```
now.strftime("%Y/%m/%d")
```

另外，也尝试一下通过代码读取图像吧。公司名是通过图像进行展示，在data文件夹中提前准备好logo图像文件（logo.png）。为了描绘logo，先利用PIL库中的Image.open()获取路径下的文件（第56行），再使用drawInlineImage方法进行描绘（第57行）。

经过以上步骤，数据的制作与描绘就已经完成了。最后用showPage()结束一页的编辑，再用save()保存数据（第58~59行）。至此，制作出来的每位客户销售会邀请函PDF文档，均可以拥有各自的内容及文件名。

准备"销售会邀请.xlsx"的时候需要注意各个项目的设置方式。在示例程序中，会从第一行到存在内容最后一行为止，把中间所有内容都作为邀请函的正文，所以这部分只能作为最后一项放到最下方。至于其他的项目（标题、举办时间等），都是通过键与值一对一的方式来获取内容，顺序出现变化也没关系。

麻美 "千岳啊，做了这么多程序之后，我明白Python是能够操作Excel数据啦。但是我并没有接触过其他编程语言，总说Python很好，我还是看不出来好在哪里？"

千岳 "那么，要不要再仔细观察一下之前编写的程序呢？"

麻美 "那打开Visual Studio Code吧。"

千岳 "可以看到不管哪个程序，代码一般只有50行左右就结束了，Python能够用较少的代码完成程序编写。"

麻美 "的确。其他的编程语言，代码会更长吗？"

千岳 "嗯，比如这次制作的程序，很多语言都需要用到上百行的代码。"

麻美 "哇，要这么多吗！可是，为什么会这样呢？"

千岳 "嗯，其他编程语言像是规定好必须要写的代码本来就有很多，单行代码中完成的操作所占单位也相同。"

麻美 "哦，原来大家不是全都一个样啊。"

千岳 "对于那些本职工作就是编写代码的程序员来说，因为要设想各方面的情况，所以程序比较长也没有什么不好，毕竟是工作需要嘛。但是，对于我们来说，不可能把时间全都花在编写程序上，不是吗？"

麻美 "对了，这段时间我一直在学习编程，结果听说你跑去哪里玩了。"

千岳 "Python这样的编程语言，适合在其他工作之间，利用少量时间编写出需要的程序来。"

麻美 "你说的没错。我也要好好努力学习，一定要成为超棒的Python使用者！"

千岳 "哦？麻美啊，你知道Python其实是一条响尾蛇啊，看来麻美一定能够成为超棒的耍蛇人！"

麻美 "讨厌！千岳大笨蛋！"

■ ■

　　千岳跟麻美因为学习Python，关系变得亲密许多，那么各位读者，你们有没有感受到Excel与Python之间良好的关系呢？

后记

推荐RPA
——从身边开始用RPA

非常感谢各位能够读到本书的最后。想必大家已经在第7章中见到RPA这个词了。RPA的全称为Robotic Process Automation（机器人流程自动化），可能有不少人觉得这么高端的事物，跟自己没有什么关系吧。

本书所推荐的RPA，是希望商业人士从身边的Excel等工具着手，自己制作程序让工作变得更加效率化，也就是所谓的草根RPA。最后请允许我再稍微介绍一下草根RPA吧。

说到Robotics，总会让人想到软件式的机器人，就像是没有肉眼可见的动作却能在计算机或网络上自动检索、筛选、计算数据，可以自主行动的程序，脑海里恐怕会不由自主地认为这肯定是很复杂的东西。但是，RPA并不一定要像AI那样运作。

提到办公室里面进行的Excel操作，例如把某张工作表的数据转移到另一张工作表中，并在转移时替换部分行列，或者对转移后的数据进行统计，以及生成相关图表等。这些事情都需要用到计算机，乍一看似乎是很厉害的工作，但实际上不过是单纯进行重复的工作罢了。与工厂生产线上把检查完成的产品塞进纸箱的工作相比，本质上是相同的。在工厂中，这类简单的重复作业大多数都已经交给了机器人，反而是办公室里还有着许多日常任务，占用了大量人力与时间。

以文本形式汇总的数据输入到Excel中，Excel工作表中的数据转移到其他工作表中，把Excel数据输入到专用业务系统中。不难看出来，各方面都很便利的Excel中，还是有很多交接的部分需要手动进行操作。其实，有很多地方都能够使用Python程序进行自动化，从而节约劳动力。假设每个月都要花费20个小时进行"办公室内的体力劳动"，经过Python进行效率化之后，只需要5个小时就完成了，额外多出15个小时可以做其他事情，岂不美哉？

请务必从身边的工作开始尝试RPA。

读书笔记